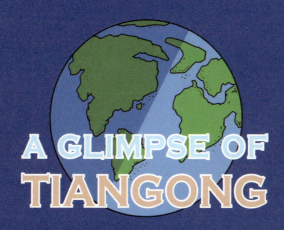

走进天宫
科普丛书

天宫空间站
奇趣体验篇

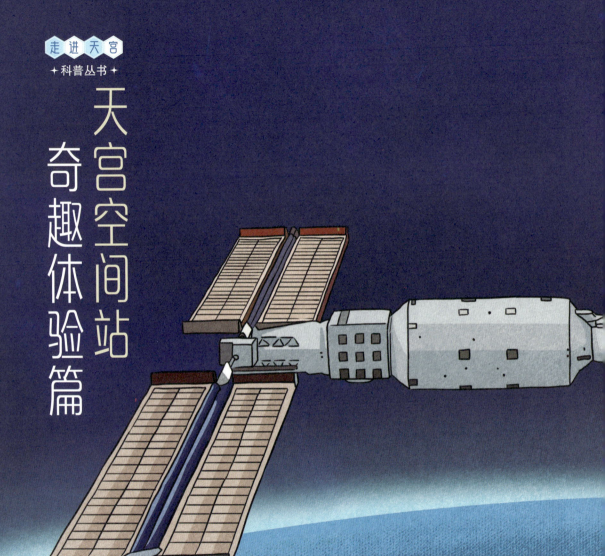

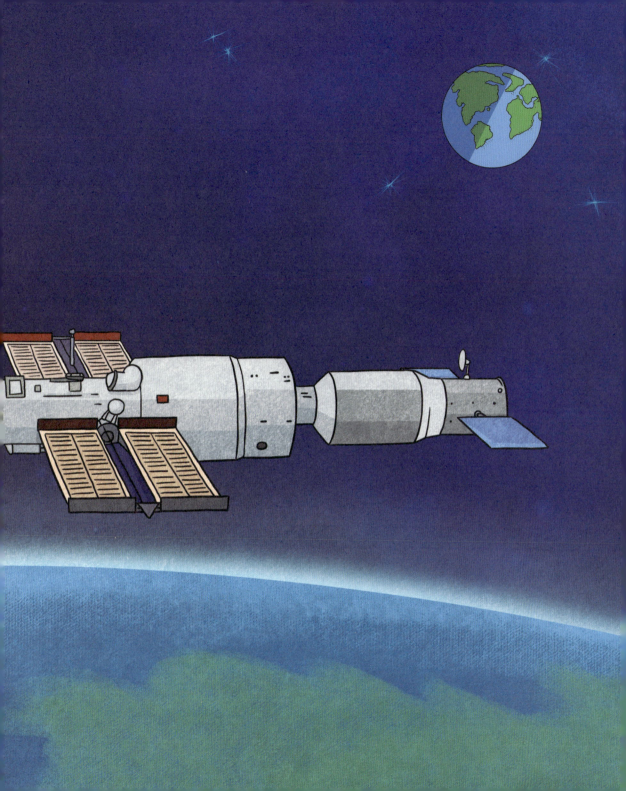

目录 CONTENTS

A GLIMPSE OF

01 搭"神箭"、坐"神舟",太空家园打卡游

既要搭火箭,还要乘飞船?为何需要两个"小伙伴"? 3
"送你离开,千里之外"的是位"美男子"? 6
身体半躺心飞腾,多坐一会儿行不行? 11

02 外表超乎想象,进门大费周章?

颠覆想象!琼楼玉宇长这样? 15
三居结构细端详,为何叫做核心舱? 18
穿三个舱,开四道门,迈进天宫还得费点神? 22
进入天宫,需要钥匙吗? 28
真的不会迷路?那是你没见过"六岔路口"的玄关! 30

扫码观看视频

03 天上能躺平,还能观美景?

一线奢华观景房,你确定你舍得起床? 37
天上如何睡得舒服?科学家高招频出 41
    航天员谈感受,截然相反 41
    学术界做研究,结论堪忧 42
    科学家想办法,高招频出 43

04 太空厨房有没有蟠桃吃？天上"干饭"那些事

太空烧水开不了，喝茶要用冷水泡？ 48
太空饮料那么多，可乐为何备受冷落？ 51
不管是谁，上了天都会变成重口味？ 54

小知识 "干饭"并不靠重力？不会倒流回嘴里？ 58

鸭脖薯片被淘汰，鱼香肉丝成招牌？究竟什么样的
　美食能上太空？ 60
　　确保安全"零风险"，"三无产品"是首选 61
　　营养丰富又均衡，口味还得受欢迎 62
　　何止"斤斤"计较，远超"寸土"必争 63
天宫原来不吃蟠桃？这种水果频繁出镜！ 64

05 燃烧我的卡路里，健身是否有神器？

健身器暗藏玄机，航天员如何驾驭？ 69
　　跑步先得穿"马甲" 70
　　自行车竟能用手"骑" 74
　　拉力带玩出新花样 76

06 不止外表抢镜，这个"厅"还是科技明星？

有点壮，有点方，还有双神奇的大翅膀？ 80

扫码观看视频

身体最壮的"大个子"	80
外形抢镜的"方舱"	82
能量爆表的"大翅膀"	84
围观科学实验柜，去太空种菜申请排个队！	86
三台冰箱？天宫真有那么多美食要冷藏？	93
最"高冷"——低温存储柜	94
最恒温——太空医学样本冷藏箱	96
最好闻——食品冷藏箱	97
家园如何守护？互为备份，分身有术	98

07　上天，究竟是种什么样的神仙体验？

头晕呕吐，感觉自己像蝙蝠？想当神仙还得先受点苦？	101
靠手行如风？何必坐如钟？	102
此景只应天上有，能否一次拍个够？	105
天上发个朋友圈？定位显示会不会让朋友秒赞？	108
天涯真能若比邻	108
天链组网架天路	110
天上暂停朋友圈	112
太空"拉皮"皮肤好？好像高兴得有点早	114

08　其实不想走，其实我想留

回程不用迈开腿，但是必须管住嘴？	119
筑梦踏上征途，天宫永不止步	121

天宫空间站：奇趣体验篇

A GLIMPSE OF TIANGONG

搭"神箭"、坐"神舟",
太空家园打卡游

01

天宫空间站的时代到来，"天上宫阙"不再是神话传说，中国人从此在太空拥有了自己的家园。住进太空家园到底是种什么样的"神仙体验"？让我们先行一步，云游天宫空间站，先睹为快吧。

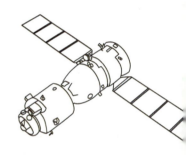

既要搭火箭，还要乘飞船？
为何需要两个"小伙伴"？

天宫空间站在距离地球 340～450 千米的轨道上绕着地球飞行。想要飞上天，去往空间站，离不开载人运载火箭和载人飞船这对"黄金搭档"。乘客来到发射场发射塔架下，乘坐专用电梯，抵达飞船入口层，从入口坐进"太空专车"——载人飞船里面。载人飞船放置在运载火箭的头部，将随火箭起飞，由火箭将飞船和乘客送入预定轨道。

为什么先要搭乘运载火箭呢？因为运载火箭是个"大力士"，可以提供足够的推力，克服地球引力，将载人飞船送出大气层。由于运送的是宝贵的生命，"载人运载火箭"比其他运载火箭对安全性与救援性有更高要求。当载人飞船进入预定轨道后，载人运载火箭上面级与飞船分离，完成了自己的任务，把接力棒交给载人飞船。飞船与火箭分离后继续飞行，到达空间站附近，完成与空间站的对接，乘客就可以开启空间站"打卡游"啦！返回地球则只需要载人飞船，不再需要火箭。

我国长征系列运载火箭大家庭中，长征二号F运载火箭（代号CZ-2F）是唯一的载人运载火箭，有"神箭"的美誉（图1-1）。我国的载人飞船被称为"神舟"，搭乘"神箭"起飞时装在火箭的整流罩里。所以，我们的太空游离不开两个"小伙伴"的合作，由"神箭"将"神舟"发射入轨，开启天宫之旅。

图 1-1　长征二号F运载火箭

"送你离开，千里之外"的是位"美男子"？

在很短的时间内，"神箭"将神舟送入太空，在火箭发射上升阶段，加速度极大，就像在游乐园里玩过山车一样，乘客会感到座椅强力挤压背部，带来强烈的推背感。不到十分钟，火箭就会完全与飞船分离，火箭就完成了推举神舟飞船进入轨道的使命。

尽管时间很短,但是"载人航天,人命关天",载人航天是围绕"人"展开的,航天员的生命安全始终摆在第一位,只能成功,不能失败。

作为我国唯一的载人运载火箭,长征二号F运载火箭与其他火箭相比,最大的不同是控制系统采用了冗余技术,增加了故障检测处理系统和逃逸系统,具有"三高"的特点,即高可靠性、高安全性和高质量。

长征二号F运载火箭可靠性指标达到0.9894,这意味着发射100次,失败的可能性不到1.1次;安全性指标达到0.99996,这意味着如果发射失败需要采取救援措施,100000次救援中失败次数不超过4次。这些指标不仅是中国现役火箭当中最高的,也处于世界前列。

从外表看，长征二号 F 运载火箭最大的特征就是头上有一个长达 8 米的逃逸塔（图 1-2），和三层楼差不多高，从远处看仿佛是装在火箭上的一根避雷针。由于长征二号 F 运载火箭看起来比较苗条，获得了"美男子"的称号。

"送你离开，千里之外"，为了确保航天员的旅途安全，工程师们可没少用"黑科技"。在火箭还没有离开地面的时候，工程师们就已经准备好了针对不同运行阶段的救生方式。

在火箭待发射阶段和发射初期，逃逸塔是保障航天员安全的应急逃生装置。正常情况下，长征二号 F 运载火箭在起飞后 120 秒左右抛掉逃逸塔，200 秒左右抛掉整流罩。从火箭停留在发射塔上起飞前 30 分钟，到起飞后 120 秒内升到 39 千米高空以下时，如果火箭突发意外情况，会采用低空有塔逃逸方式逃生。此时整流罩上、下分离，整流罩上部与神舟飞船轨道舱、返回舱连成一体组成逃逸飞行器。逃逸塔上的逃逸主发动机能够在 0.01 秒内点火，并在 3 秒内像"拔萝卜"一样将逃逸飞行器从火箭上拖拽出来，依靠发动机迅速飞离出现故障的火箭，逃离危险区。逃逸飞行器上升到一定高度后，分离发动机工作，使载有航天员的神舟飞船返回舱分离，返回舱调整到合适的姿势开始下降，随后打开降落伞，着陆到安全地带。

图 1-2　长征二号 F 运载火箭逃逸系统示意

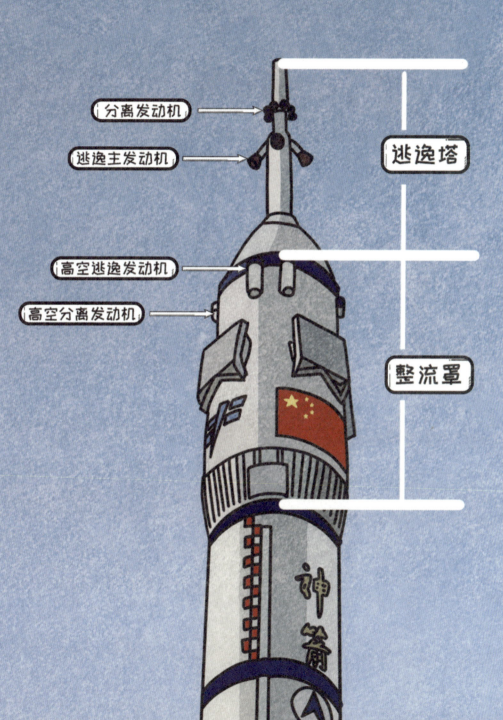

　　如果起飞后120秒内一切顺利，按照程序，长征二号F运载火箭将在39千米高空抛掉逃逸塔。在逃逸塔抛掉后，到穿出大气层之前，如果火箭发生意外，要采用高空无塔逃逸方式逃生。这与低空有塔逃逸方式类似，都是依靠载人飞船外部的火箭发动机来实现逃逸。首先，高空无塔逃逸利用安装在火箭整流罩上的高空逃逸发动机将载人飞船带离出现故障的火箭，然后利用整流罩上的高空分离发动机使载有航天员的神舟飞船返回舱分离，最后依靠降落伞着陆在安全地带。

　　如果火箭安全穿出地球大气层，整流罩会在起飞后约200秒时抛离，这也意味着安全逃逸只能依靠载人飞船自身来完成了，这时，安全保障将进入飞船自救模式。在整流罩抛掉后，如果火箭发生意外，神舟飞船可以马上与火箭分离，依靠飞船自身的动力装置逃离危险区，然后利用飞船返回舱的降落伞和反推火箭实现安全着陆。

　　事实上，长征二号F运载火箭从1999年首飞以来，发射成功率100%，火箭的逃逸系统尚无用武之地。有这样一位既可靠又安全的"美男子"保驾护航，太空家园之旅让人无比放心！

身体半躺心飞腾，多坐一会儿行不行？

搭乘火箭进入预定轨道后，余下的旅途就看神舟飞船的了！载人航天技术被视为航天技术"皇冠上的明珠"，只有中国、俄罗斯和美国分别独立拥有载人航天器进出空间的技术和能力。神舟飞船是我国自主研制的载人航天器，乘坐自家"太空专车"前往自己的太空家园，别提多便捷、多神气了！接下来先看看我们的"座驾"吧。

神舟飞船由推进舱、返回舱和轨道舱三部分组成（图1-3）。

推进舱又叫仪器舱或设备舱，是飞船飞行姿态和轨道的"调整器"。推进舱是一个后端带短锥型的圆柱体，两侧装有一对太阳能帆板（收集太阳能并将太阳能转换成电能的装置），舱内装着飞船的推进系统、电源、热控、测控等设备，为飞船提供动力、能源和通信保障。

轨道舱是一个圆柱体，一端连接着返回舱，另一端可与其他飞行器（如空间站）对接。对接的仪器、设备及航天员在轨工作的支持设备都装在轨道舱中。在飞船独立运行时，轨道舱也是航天员的生活区。

图1-3 神舟飞船构型

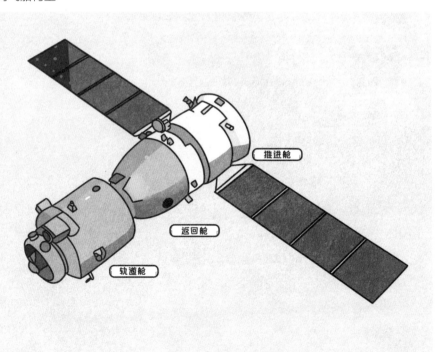

返回舱是唯一一个能够返回地面的舱段，装有核心控制组件和各种通信设备，是整个飞船的控制中心，也是航天员往返太空的专用座驾。返回舱外形与其他舱段明显不同，由于返回时需要利用气动减速，因而呈钟形。它还装备了能耐受极端高温的防热铠甲，能承受返回地球大气层时上千度的高温，将航天员安全带回家。

有了这些安全保障，你悬着的心是不是平静了许多？不过一进到舱里面，看到各种控制按钮，不等发射起飞，刚刚平静的你是不是又怦然心动了？在飞向太空和返回地球的过程中，乘客必须穿上舱内航天服，坐在返回舱内带束缚的座椅上，并且保持半躺的姿态，这是为了防范各种过载冲击。所以，上天时心可以奔腾，身体却很"老实"。

当神舟飞船与火箭成功分离进入预定轨道后，飞船便会启动自主快速交会对接模式，不到7个小时即可与天和核心舱成功对接啦。当然，如果采用传统的交会对接模式，可能需要两天的时间。传统的交会对接需要依靠地面测控站测算轨道位置，测控站向飞船发送上行指令，飞船根据指令进行轨道机动，所以需要的时间比较长，大概两天左右。而采用自主快速交会对接模式，飞船依托北斗卫星导航系统获取的空间位置信息计算出自己的位置和轨道，自主实施轨道控制，6.5小时就可以完成与空间站的对接。看来"自主快速交会对接"可以省下不少时间呢。

你也许会喃喃地念叨，多坐一会儿行不行……飞船还没坐够就到站怎么办？先打卡参观，然后期待回程的飞船之旅吧！

外表超乎想象，
进门大费周章？

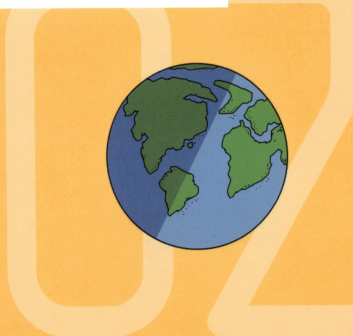

02

颠覆想象！
琼楼玉宇长这样？

　　说起"天上宫阙"，中国人脑海里浮现的，要么是大闹天宫里的天庭，要么是嫦娥仙子居住的广寒宫。没想到，天宫空间站和神话传说中的"琼楼玉宇"相去甚远，和地球上的房子也长得完全不同！天宫空间站在地球上空 340～450 千米的轨道上绕着地球运行，是个外形炫酷、长着翅膀的"大家伙"。2022 年 8 月，它的造型呈"一字形"（图 2-1），主要由天和核心舱与问天实验舱组成。天和核心舱为"三居 + 储藏间"的结构，问天实验舱则是一个"厅"。此时在天上还停靠着两辆"车"：一辆是可以载人搭货的"客车"，神舟十四号载人飞船；另一辆则是运送货物的"货车"——天舟四号货运飞船。

图 2-1　天宫空间站 2022 年 8 月构型

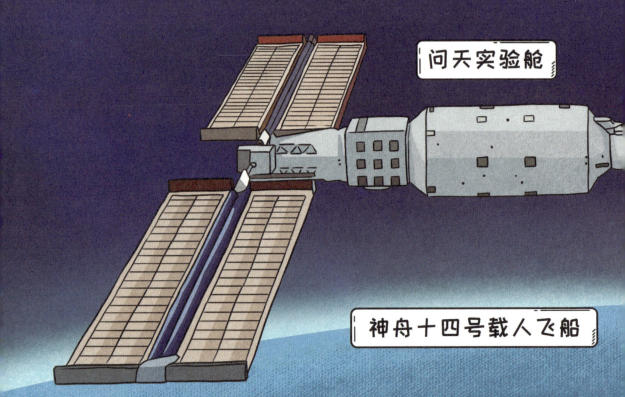

三居结构细端详,为何叫做核心舱?

参观天宫空间站,首先进入的就是天和核心舱(图 2-2)。它是一个庞然大物,长 16.6 米,在地面上竖起来比五层楼还要高;最粗的部分直径有 4.2 米,比高铁车厢还宽。它的身子骨也很结实,体重达到了 22.5 吨,大致相当于 17 辆家用小汽车摞在一起的重量。

扫码观看

图 2-2 天宫空间站天和核心舱示意图

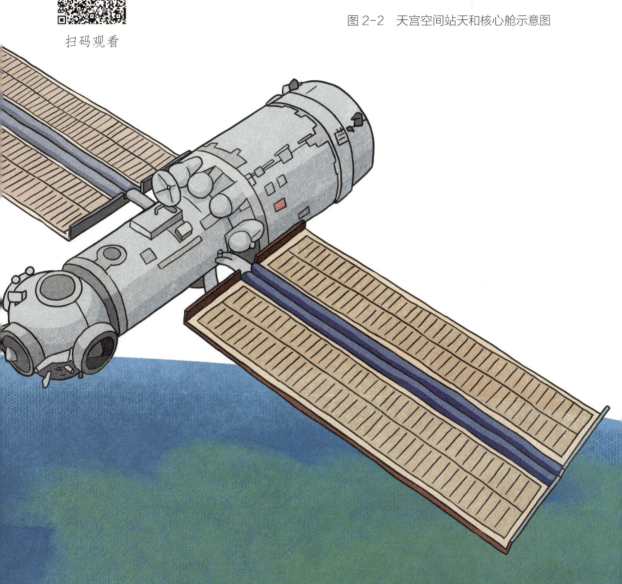

从图 2-2 可以看出，天和核心舱由三个不同的部分组成，从头到尾分别是节点舱、小柱段和大柱段，构型与功能如图 2-3 所示。

节点舱是核心舱前端的一个球形舱体，直径 2.8 米，共有六个通道。节点舱主要用来与其他舱段连接和飞行器访问，是去往其他舱段的通道，类似于地上房屋的"玄关"。

小柱段是核心舱中间的圆柱形舱段，直径 2.8 米。小柱段是航天员生活和居住的地方，有三个睡眠区、一个卫生区和一个锻炼区，相当于航天员的"宿舍"。

大柱段是核心舱后端的圆柱形舱段，最大直径 4.2 米。大柱段是航天员工作和开展实验的地方，配置了空间实验工作区、就餐区等，相当于"工作室"。在大柱段的尾部有一个长 2.1 米的资源舱，它主要用于物资储备，相当于"储藏间"。

因此，天和核心舱被称为天上的"三室 + 储藏间"，供航天员工作生活的空间约 50 立方米，可提供大致相当于 18 平方米的使用面积，约等于一间长 8 米、宽 5 米的普通教室面积的一半，可供 3 名航天员长期工作、生活。听起来这个空间似乎不大，但在天上已经算是"豪宅"了，而且与地面不同的是，在天上可以使用"天花板的空间"，大大增加了使用面积。

"天和"被称为核心舱首先体现在结构上，它位于整个天宫空间站的中心。天宫空间站由不同舱段组装而成，如果把空间站建设比喻成搭积木，那么"天和"就是天宫空间站的第一块"积木"，也是最重要的一块"积木"。它既可以作为天宫空间站的管理和控制中心独立运行，又可以作为一个枢纽为未来扩建提供"宅基地"，其他舱段和飞船等"积木"都可以通过它的接口进行安装并联通起来。核心舱取名为"天和"，既有"天地人和"之意，喻指中国空间站与宇宙和谐相处，也是为了体现核心舱聚拢、团结其他各舱段的含义。

从功能来说，天和核心舱是空间站的中枢，作为天宫空间站的"主心骨"，对整个空间站的轨道高度、飞行速度、气压环境进行控制。核心舱的计算机是空间站的"大脑"，控制其他几个舱段的设备，联合协同工作。同时，航天员生活的环境、主控的节点等都在核心舱上。

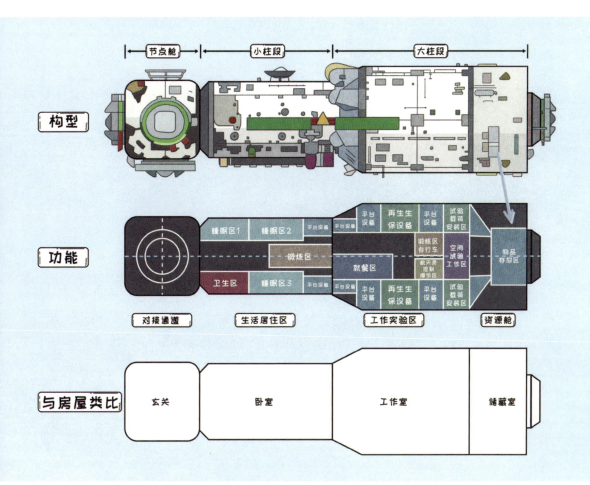

图 2-3 天和核心舱构型与功能示意

穿三个舱，开四道门，迈进天宫还得费点神？

神舟飞船发射时，航天员在返回舱中。待神舟飞船与天和核心舱对接后，航天员从神舟飞船"下船"前往天和核心舱主体（小柱段和大柱段），可不像在地球上参观房子那样只要打开一道房门，跨过门槛就行，而是需要颇费一番周章地穿过三个舱（图2-4），包括神舟飞船的返回舱、轨道舱以及天和核心舱的节点舱，才能到达核心舱的主体部分。

图 2-4　从神舟飞船进入天和核心舱主体部分要穿过三个舱

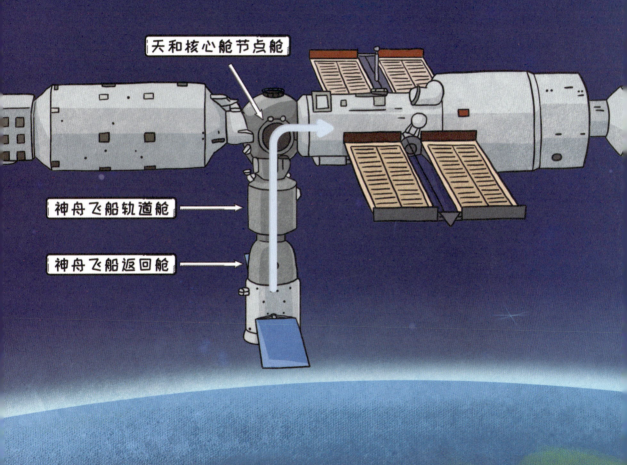

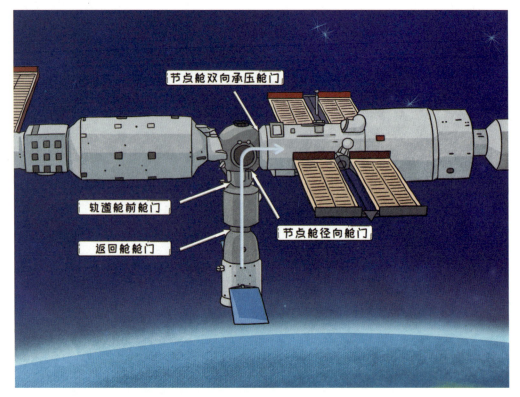

图 2-5　从神舟飞船进入天和核心舱主体部分要打开四道门

　　穿过三个舱的过程中总共需要打开四道门,依次是返回舱舱门、轨道舱前舱门、节点舱径向舱门、节点舱与天和核心舱小柱段之间的双向承压舱门(图2-5)。每进入一个密闭空间都需要打开一道舱门,在打开舱门前,需要打开压力平衡阀,确保舱门两侧空间压力的平衡,否则舱门是打不开的。

　　前两道门在神舟飞船内部,打开后才能进入神舟飞船与空间站的对接通道。第一道门是神舟飞船返回舱舱门,向内打开后进入轨道舱(图2-6右下)。神舟飞船到达空间站与天和核心舱对接后，神舟飞船轨道舱与天和核心舱节点舱之间形成了一个直径 80 厘米、长约 1 米左右的通道，此时进入的就是这个对接通道。通道处于真空状态，必须通过充气调整对接通道的气压，使对接通道的压力与轨道舱的舱内压力达到平衡后，才能向内打开第二道门——轨道舱前舱门，进入对接通道（图 2-6 右上）。

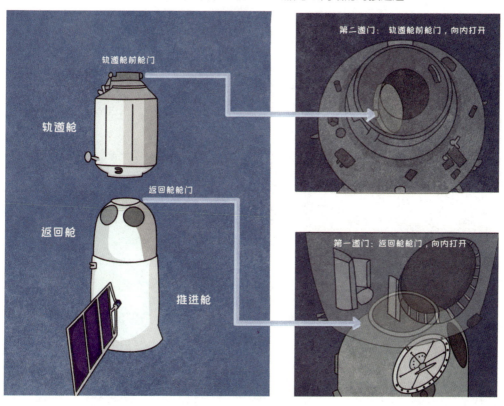

图 2-6　在神舟飞船内需要打开两道门，才能进入飞船与空间站的对接通道

第三道门是节点舱的径向舱门（径向指与空间站中心轴垂直的方向），同样也是向内打开（图2-7）。

以上三道门全部是向内打开的，也就是从内往外关闭。这样可以借助舱体的内压对舱门产生一个压力，这个压力相当于一辆轿车重量对地面的压力，能够将门体牢牢地摁在舱门门框上，从而压紧密封圈，使舱门实现可靠的密封，保持舱内的气压。

图2-7 打开第三道门：节点舱径向舱门

图 2-8 打开第四道门：节点舱双向承压舱门

第四道门是节点舱与小柱段之间的双向承压舱门（图 2-8），与前面三道门不同，它是向外打开的。打开这道门就正式迈进了天和核心舱的主体部分。

为了进入空间站主体部分，穿过了三个舱，手动打开了四道门。果然，想跨过天宫的门槛还真是得费点神。为什么这些门不用电动门，全部都要用手操作呢？因为电动门需要配备电机和控制设备，会挤占放置科研设备和仪器的空间，占用了宝贵的空间资源，而且还需要供电，增加了系统的复杂性。同时，电动门的可靠性和安全性也不如手动门。

进入天宫，需要钥匙吗？

你一定很好奇，天宫空间站的大门是怎么打开的呢，需要钥匙吗？是普通的钥匙，还是指纹，或者人脸识别？

从神舟飞船进入天宫空间站，需要打开节点舱的径向舱门（见图 2-7）。这道门可不是随随便便就能开的，而是需要一把专用的"钥匙"（图 2-9）。将这个有长长手柄的工具转上两圈半，就能够把门打开，进入空间站的节点舱了。从节点舱去往小柱段需要打开的双向承压舱门，用的也是同一把"钥匙"。

图 2-9　打开空间站大门的"钥匙"

真的不会迷路？那是你没见过"六岔路口"的玄关！

下了神舟飞船，到达空间站的第一站就是节点舱（图 2-10），也就是我们空间站的玄关了，从这里能够进入到天和核心舱的主体部分。节点舱是组建天宫空间站的重要部件之一，作为天宫空间站的交通枢纽，它像立方体一样有六个面，每个面都有一个开口，为空间站提供了"四通八达"的与其他舱室对接的接口。有了这些接口，空间站才能像搭积木一样越建越大。

直径 2.8 米的节点舱是一个球形舱体，构型如图 2-11 所示，用于舱段连接和飞行器访问。在空间站初建阶段，节点舱兼做航天员出舱活动所需的气闸舱。在执行出舱任务时，航天员先从核心舱小柱段进入节点舱，关闭节点舱与小柱段相连的双向承压舱门，使节点舱形成内部密闭空间，航天员在这里更换厚重的舱外航天服，随后逐渐降低节点舱舱内压力。舱内外压力达到平衡后，航天员打开出舱口舱门，出到舱外，执行舱外作业任务。从舱外返回空间站时，航天员进入节点舱，关闭出舱口舱门，形成密闭空间，增加节点舱舱内压力，逐渐与空间站内的压力平衡，航天员更换航天服，打开双向承压舱门，返回核心舱的小柱段。

节点舱是一个立体的"六岔路口"，提供 1 个前向对接口、1 个径向对接口，2 个侧向停泊口，1 个航天员的出舱口，1 个与核心舱小柱段相连的双向承压舱门开口。

图 2-10 天和核心舱节点舱内部

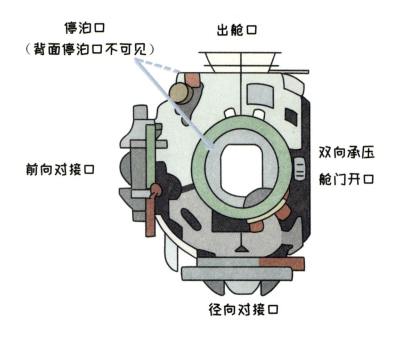

图 2-11 天和核心舱节点舱构型

·2个对接口：包括1个前向对接口和1个径向对接口。对接口可以支持其他航天器短期停靠，并接纳新的舱段对接，扩展空间站规模。前向对接口主要用于对接载人飞船和巡天望远镜，径向对接口主要用于对接载人飞船。

·2个侧向停泊口：专门用于"停泊"问天和梦天两个实验舱，两个实验舱与天和核心舱对接形成天宫空间站组合体。

·1个出舱口：供航天员在空间站初建阶段进行出舱活动。

·1个双向承压舱门开口：节点舱通往核心舱小柱段的接口。

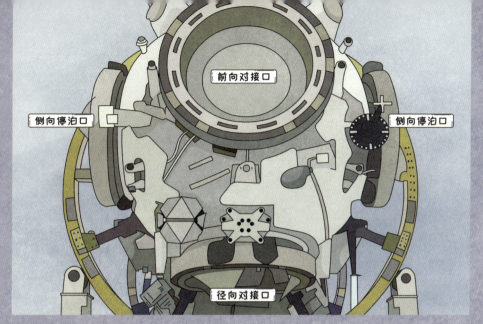

图 2-12 在地面看到的节点舱部分接口

是不是已经被左一个右一个的"岔路口"弄晕了？我们分别从节点舱的外表和里面来看一看这些"岔路口"。图 2-12 是在地面上看到的节点舱，从外部可看到部分接口（出舱口与双向承压舱门开口在图中不可见）；图 2-13 则为在天上进入节点舱看到的部分接口。

图 2-13 进入节点舱内部看到的部分接口

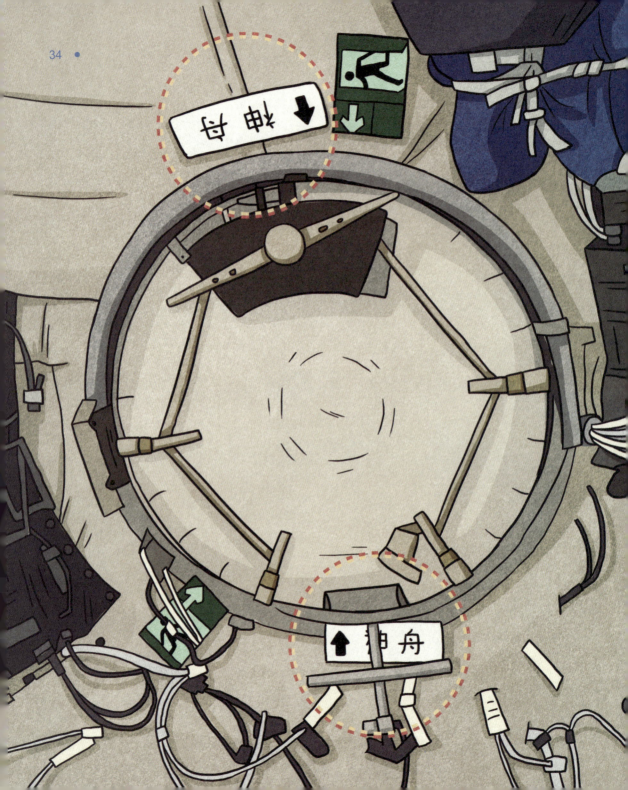

图 2-14 节点舱径向对接口路标

这样一个立体的 6 个尺寸大致相同的"六岔路口",即使是在地面也会迷路!在太空环境下,没有上下之分,航天员也难免会迷失方向,所以在节点舱的每个接口都设置了标示方位的路标(图 2-14、图 2-15)。

图 2-15 节点舱双向承压舱门路标

天上能躺平，还能观美景？

一线奢华观景房，你确定你舍得起床？

穿过"六岔路口"的节点舱，就进入了小柱段，天和核心舱的卧室（图 3-1）。小柱段是航天员生活和居住的地方，有三个睡眠区、一个卫生区和一个锻炼区。

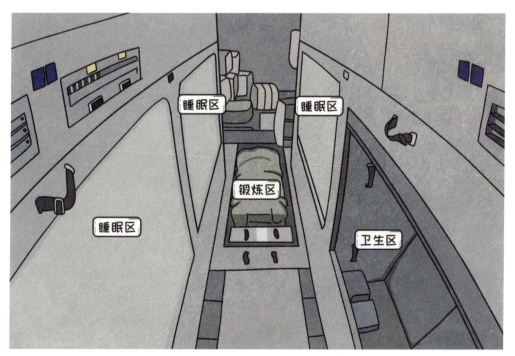

图 3-1　天和核心舱小柱段内部布局

在这里,每一位航天员都有自己独立的睡眠区,他们把自己包裹在睡袋里,并把睡袋固定在床铺上防止飘来飘去。在天上能"躺平"非常不容易,航天员们都开心地按自己的喜好把这个小家布置得赏心悦目。看看航天员王亚平的床铺(图3-2),真是萌上天啦!

图 3-2 航天员王亚平的床铺

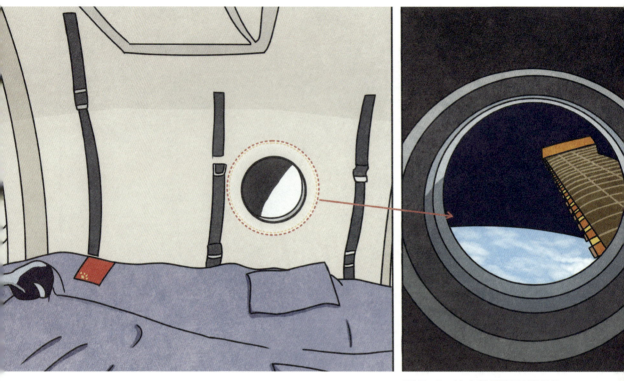

图 3-3 天和核心舱睡眠区　　　　　　　　图 3-4 核心舱睡眠区舷窗角

　　睡眠区的另外一个设施更加吸引力十足,那就是一扇能看到地球的舷窗(图 3-3、图 3-4)!如此奢华的一线观景房,你确定你睡得着觉?你确定你舍得起床?

天上如何睡得舒服？
科学家高招频出

在天上睡觉和在地球上睡觉会有不同的感受，那是更舒服，还是感觉很怪？如何才能睡得舒服呢？

航天员谈感受，截然相反

在天上睡觉舒服不舒服？采访不同的航天员，会得到截然相反的回答。

根据一些航天员的说法，太空是最舒适的睡眠场所之一，四肢在不受重力作用的情况下能够完全放松，令人感受到难以置信的舒缓。曾前往国际空间站，并作短暂停留的太空游客理查德·加里奥特表示，"你可以放松身体的每一块肌肉，自然地采取这种飘浮的胎儿姿势，任何关节、肌肉或骨骼几乎不承受压力。"

而另一些航天员却抱怨说，缺少了地球上使人昏昏欲睡的重力感觉，人往往毫无睡意，不吃安眠药无法入眠。在太空睡觉像是一场噩梦，在迷迷糊糊的过程中会被下坠的感觉惊醒。另外一个问题就是即使系上安全带，手臂在睡觉时也会浮在面前，"仿佛四肢脱离躯干的感觉"。

学术界做研究，结论堪忧

针对太空飞行如何影响睡眠，学术界展开了大量调查与研究工作，得出了一个令人担忧的初步结论：在天上睡眠时间变少，睡眠质量变差。

哈佛大学医学院和美国国家航空航天局艾姆斯研究中心的科学家对多名航天员展开睡眠研究，对比这些航天员在空间站执行任务之前、期间和之后的睡眠模式。初步结果显示，他们在太空中的平均睡眠时间仅为 5.7 小时，比在地球上少了一小时。在太空中，航天员的非快速眼动和快速眼动睡眠时间分别减少了 14.1% 和 25.8%。平均而言，航天员在入睡后大约需要 90 分钟才能在太空中进入第一次快速眼动睡眠，这个时间几乎是地球上的 1.5 倍。在太空飞行期间，航天员睡眠效率显著下降，降低了 17.7%。

国际著名医学期刊《柳叶刀》发表的论文显示，通过记录脑电波、眼球运动和肌肉张力等方法，对 85 名航天员在太空的睡眠进行评估。研究结果显示，航天员平均睡眠时间仅为 6 小时，与地球上相比，睡眠质量更差。

一项针对 239 名航天员在太空 3～17 天的睡眠情况的调查数据表明，这些航天员平均睡眠时长为 6.19 小时，航天员在太空经历了睡眠时间变短、觉醒次数增加等变化。

科学家想办法，高招频出

从研究结果来看，在太空睡眠不足和睡眠质量低是航天员遇到的常见问题。在天宫空间站，为了让航天员睡得舒服，科学家开展了针对航天员睡眠与生物节律的研究，想出了很多办法，帮助航天员延长睡眠时间，提高睡眠质量。

　　为了给航天员创造类似于在地面睡觉的环境，天和核心舱小柱段和问天实验舱分别设置了三个独立的睡眠区，在布局和设备配置上充分考虑了便利性与私密性，并且每个睡眠区都配有舷窗。在空间极为有限的情况下，每位航天员都有自己的奢华观景床铺（见图3-3、图3-4），这感觉实在太酷了！

　　天宫空间站内有大量设备，设备运行产生的噪声会通过舱体结构进行传导，最初睡眠区噪声大约为58分贝。一般而言，噪声超过50分贝会影响人的睡眠和休息。为了解决这个问题，空间站设计团队花了一年半时间进行噪声问题攻关，终于将睡眠区的噪声降低到49分贝，相当于我们平时在室内正常谈话的音量，给航天员营造了一个相对安静的休息环境。

　　为了防止航天员睡觉着凉，连睡眠区和工作区的风速都是不同的。设计团队经过反复的测试与考量，把睡眠区风速调低，设置为每0.05米/秒（工作区风速设定为0.08米/秒）。

由于航天员长期在狭小的空间工作和生活，单一的照明模式可能造成航天员生物钟紊乱和睡眠障碍等问题。天宫空间站在舱内配备了情景照明系统，就像国际航班上的灯光有日间模式、夜间模式一样，空间站舱内照明设置了几种不同的情景模式，包括工作模式、睡眠模式和就餐模式等。航天员可以按自己的喜好调节光照强度、色温等参数，营造适宜睡觉的夜间环境。

我国科学家还开展了太极拳训练对情绪和脑电信号的影响研究。研究发现，太极拳训练可以改善情绪，减少脑电信号的低频活动，可能有助于加速睡眠和保持深度睡眠。中医常用的穴位刺激法、针灸推拿法、经颅磁电刺激法等，在地面被证明对促进睡眠、保持清醒或提高认知能力有效。基于地面的研究，科学家正在进一步评估这些方法是否能作为改善太空睡眠质量的潜在对策，在空间站进行应用。

采用了那么多高招，加上对各种细节无所不至的考虑与调整，天宫空间站为航天员打造了一个相对舒适的睡眠环境，让他们在天上睡得足、睡得香。航天员翟志刚表示，在天上睡觉更舒服，"到了地面往床上一躺，不论那个床有多软，都硌得慌！"

太空厨房有没有蟠桃吃？
天上"干饭"那些事

参观完一线观景卧室,就进入了大柱段——天和核心舱的工作室。与小柱段相邻的是太空厨房(图4-1),麻雀虽小,五脏俱全,既有琳琅满目的食品,又有功能齐全的厨房电器。这太让人好奇了,在太空"干饭"与在地球是否一样呢?

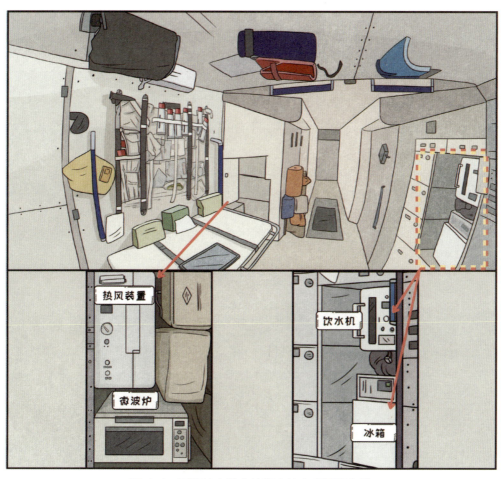

图4-1 天和核心舱大柱段内的太空厨房全景

太空烧水开不了，喝茶要用冷水泡？

和地球上一样，天宫空间站也有饮水机，学名叫做"饮水分配器"（图 4-2）。把饮水袋的入口插入饮水机，并打开止水夹，就可以给饮水袋装满水了。和地面饮水机不同的是，空间站的饮水机流出的水始终保持在 45 摄氏度，可以通过加热装置加热到更高一些的温度。不过在太空没有办法把水烧开，想喝现烧开的水是不可能的。

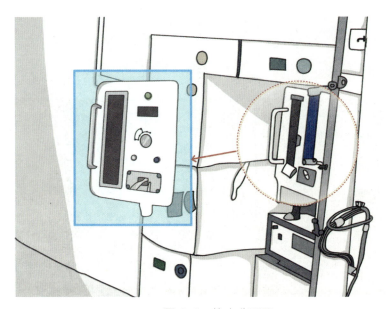

图 4-2　饮水分配器

图 4-3 在地球（左）和太空（右）将水加热到沸点对比

在地球上用水壶烧水时，壶底的水先受热，体积开始膨胀，水的密度减小，会不停地从壶底向上涌。冷水的重量较大，在重力作用下向下沉，这样产生了对流。随着壶底不断地加热，壶里的水在对流和气泡扰动的作用下，整体水温会快速升高，到达沸点时形成了微气泡云（图 4-3 左），整壶水就被烧开。而在太空微重力状态下，对流消失，无论给水壶加热多长时间，热水始终待在壶底，加热产生的气泡会一直附着在水壶底部形成一个大气泡，漂浮在水中（图 4-3 右）。冷水始终留在水壶的上部，无法形成对流，水也就烧不开了。

我们平时喝的茶，大部分是用热水冲泡的。在太空喝的茶却颠覆传统不走寻常路，它们都是用冷水泡的！

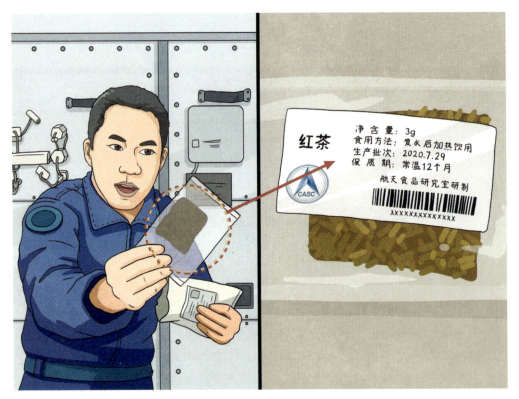

图 4-4　太空茶叶包

　　太空喝的茶来自图 4-4 所示的小小茶叶包，茶包在制作的时候便放进特制的饮料袋中，食用方法是"复水后加热饮用"。所谓复水，就是重新吸回水分恢复原状的过程。航天员想喝茶时向饮料袋中加入冷水，完成复水，然后将饮料袋进行加热，就可以喝到热茶啦！当然了，没法像地面一样品茶，只能"挤"着喝。

太空饮料那么多,可乐为何备受冷落?

航天员在太空可以喝到很多品种的功能性饮料,在地面备受欢迎的可乐却榜上无名。在太空为什么不能喝可乐呢?

首先,在太空打开一罐可乐时,你听不到气泡欢呼,也看不到气泡争先恐后喷涌而出。在地球上打开一罐可乐时,由于罐内的压力突然释放减压,溶解在液体中的二氧化碳会迅速从溶液中"逃逸"出来,形成气泡,这些气泡会迅速上升并聚集到液体表面,带来令人愉悦的嘶嘶声。而在太空环境下,二氧化碳气泡无法上升,不会逃到液体顶部,而是随机分布在整个液体中(图4-5)。此时喝可乐就像在喝泡沫饮料,味道与地面完全不同,可以说,可乐彻底失去了灵魂,也许和中药一样难喝。

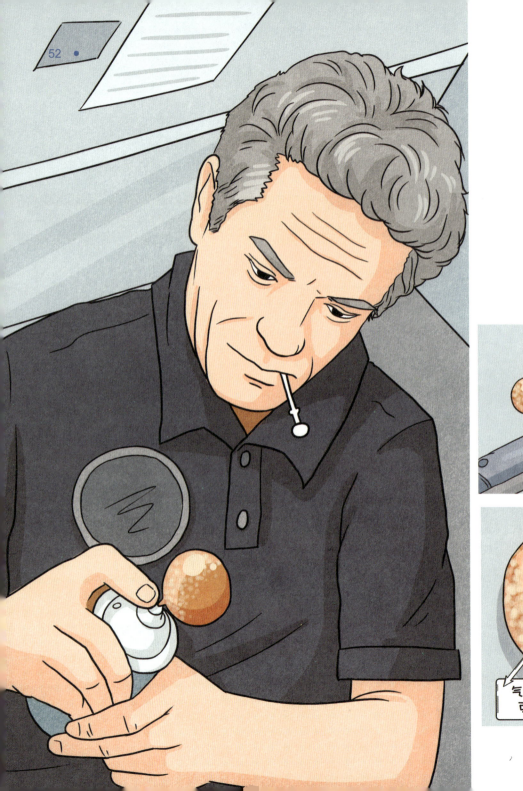

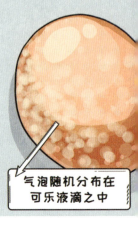
气泡随机分布在可乐液滴之中

图 4-5 太空环境下一滴产生泡沫的可乐

更糟糕的是,航天员喝下这种充满泡沫的饮料可能产生不良影响。在地球上,气体和液体在消化系统中自然分离。但是,在微重力环境中气泡不会上升,在吞咽之后,它们仍然随机分布在液体中。为了释放气体,航天员往往会打嗝,引发一种称为"湿打嗝"的呕吐。"湿打嗝"是指在打嗝时气体和一些液体同时被排出,有点像胃酸倒流,这对航天员的身体以及空间站的环境均会产生不良影响。所以,不仅仅是可乐,各种碳酸饮料都在太空饮料的选拔赛中名落孙山。

不管是谁，上了天都会变成重口味？

据不完全统计，全世界有三分之一的人"无辣不欢"，因此，辣味食品风靡全球，越来越受欢迎。这一点，在天上也得到了证明！国际空间站上不管是来自哪个国家的航天员，都偏向于选择辛辣或重口味的食物。同样，大部分中国航天员，不管来自哪个省份，也都喜欢吃辣味川菜，在各种酱料中，辣酱通常是最先吃完的。为什么航天员上了天都会变成重口味呢？

太空食品一般是低钠食品，可能会给航天员带来"吃起来没味"的感觉。这是由于在微重力环境下，航天员面临骨质疏松的风险，如果过量摄入钠会加重骨丢失，而且为了防止航天员心血管系统功能失调，也要限制食品中钠的供给。因此太空食品的盐分含量较少，口味比较清淡。

在地球重力环境下，血液、淋巴液、黏液等体内液体可以正常地到达身体的各部分（图4-6左），而在太空中只有微重力作用，体液在体内将重新分布，血液等体液会过多地流向上身，尤其是流向脑部和脸部（图4-6右），头部的液体不能正常排出，往往导致脑压增加、面部浮肿、鼻腔充血，这使得航天员的嗅

图4-6 太空环境下（右）人体血液在头部、胸部的分布明显多于地球环境下的分布（左）

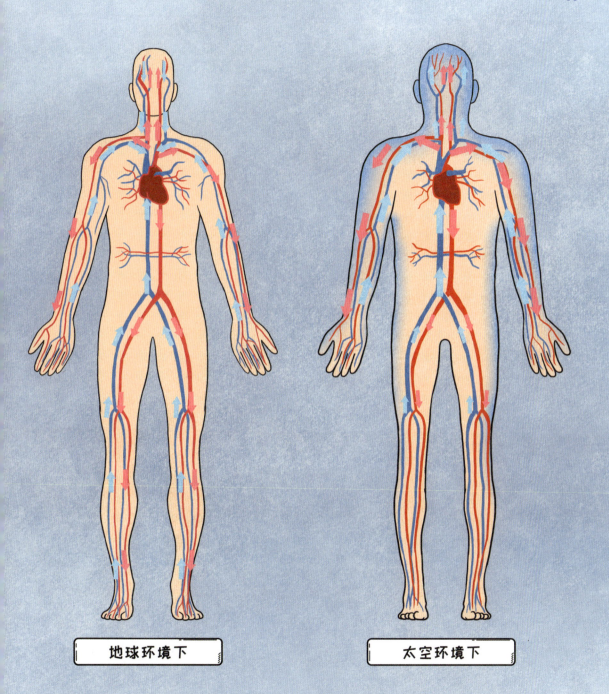

觉、味觉都有一定程度的失灵，像感冒了一样没有食欲，吃清淡的食物味同嚼蜡。

另外，在微重力状态下，热空气不会上升，冷空气不会下沉，空气的流通主要靠通风系统，不像在地球上有风能够把食物的香气吹向鼻子，导致航天员闻到食物香气的机会很少。在既没有胃口又闻不到香气的情况下，航天员普遍偏爱辛辣的食物，并用重口味的调味品来刺激味蕾。

太空中没有传统的颗粒状、粉末状的调味料，这些颗粒和粉末在微重力环境下会悬浮在空气中，对航天员的健康造成危害。所以盐、胡椒粉、辣椒粉等调味品需要调成糊状或浓稠溶液，放在独立包装袋里或装在塑料挤压瓶里（图4-7），像挤沙拉酱或酱汁一样操作，给食物增加味道。再加上辣酱、酸甜酱、番茄酱、豆瓣酱等酱料提味，航天员就可以愉快地"吃香的喝辣的"啦！

图4-7 颗粒及粉末调味品调成糊状或浓稠溶液，装在塑料挤压瓶里

小知识

"干饭"并不靠重力？不会倒流回嘴里？

天上几乎没有重力，"干饭"会不会受影响？比如，食物能咽得下去进入肠胃吗？会不会进了嘴以后，在体内飘着上不来也下不去？在天上动不动就头朝下，食物会不会倒流回嘴里呢？

其实，在微重力状态下"干饭"与在地面并没有很大不同。要知道，吞咽食物靠的是舌头、咽喉和食道的肌肉，并不是靠重力！食物吃进嘴以后，经过磨碎、咀嚼、搅拌等一系列处理，并与口腔中的唾液混合在一起，此时食物已经变得"面目全非"，变成了黏在一起的一坨食物颗粒，称为"食团"，食团的黏性使它不会在嘴里乱飘。舌头引导食团进入咽部，通过咽道进入食道——一段连接咽部和胃的肌肉管道。食道就像一个长长的蠕动的贪吃虫，在食团进来之后，会扩大并分泌黏液润滑食团，食道内壁上的肌肉开始有节律地收缩和松弛，像波浪一样蠕动，将食团一拱一拱地推进胃里（图 4-8）。这个过程并不依赖于重力，无论人是正常站立还是倒立，食道的功能都不会发生任何变化，所以完全不用担心航天员漂浮在太空中没法吃东西！

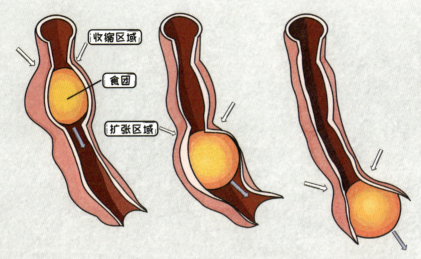

图 4-8 食道蠕动将食团推进胃里

食管与胃之间有一道"关卡"——括约肌,食物进入胃这个"袋子"之后,像拉上袋子上的拉绳一样,括约肌会关闭,防止食团在进入胃后滑回食道,同时也阻止胃酸流向喉咙(图 4-9)。有了这道关卡,即使大头冲下,食物也不会倒流回嘴里。

不过,在地球上不要轻易尝试倒立吃饭,这样做很不舒服。而且食物容易聚集在气管食管的交汇处,覆盖气管食管的入口,人可能会被呛到,存在窒息的危险。

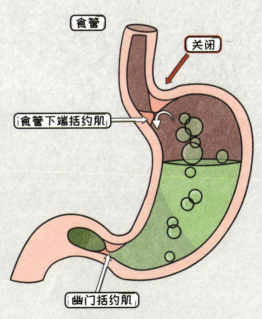

图 4-9 食管下端括约肌能防止胃液倒流

鸭脖薯片被淘汰，鱼香肉丝成招牌？
究竟什么样的美食能上太空？

　　太空美食虽然品种繁多，与地球上的食品相比还是九牛一毛。那么，什么样的食品能够脱颖而出成为太空美食，什么样的食品会惨遭淘汰呢？

　　太空食品并不是简单地从我们日常吃的食品中进行海选挑出来的食品，而是一种特殊的航天工程产品。它既要安全、好吃、有营养，又要方便在太空环境下食用，连食用后的垃圾处理也要满足特定的要求。此外，太空食品还需要重量轻、体积小、方便运输。所以，太空食品从地面研发到送上天食用，需要综合考虑安全性、营养性、重量体积比等指标，执行一套科学、细致、操作性极强的管理规程，原材料的选择、营养搭配、食品设计与烹制等都有严格的标准。

确保安全"零风险","三无产品"是首选

首先,太空食品必须确保安全"零风险",在上天前要经过防疫部门、医监医保等部门的重重把关,绝对不能有致病菌、生物毒素、过敏原以及有毒有害物质,防止引发疾病或食物中毒,危害航天员的健康。

太空食品大部分是"三无产品"。当然,这个"三无"可不是指无生产日期、无质量合格证以及无生产厂家,而是"无骨、无皮、无核"的无残渣食品。这是为了有效防止食物残渣在舱内四处飘浮,进入航天员的眼睛或鼻孔,或者影响、损坏舱内仪器设备。比如薯片,无论多么小心翼翼,也无法保证没有任何薯片的碎屑溅射到舱内,所以这类会产生碎屑、粉末的易碎食品在菜单上"不配拥有姓名"。又如鸭脖、鸡爪这种骨头占据相当份量的食品,既占重量,又会留下太多难以处理的餐余垃圾,增加废物收集系统的负担,显然也不可能在食谱中占有一席之地。

空间站的内部空间狭小,不能与外界直接进行气体交换,所以气味强烈的食品同样会被淘汰。想吃臭豆腐、榴莲?忍一忍,回地球再说吧。

尽管货运飞船会定期为航天员快递,补充太空食品,但为了应对可能出现的不可预见的情况,要求食品的保质期要足够长。太空食品不含防腐剂,还需要能保存 18～24 个月不会腐烂变质。

营养丰富又均衡，口味还得受欢迎

太空食品的首要功能是为航天员提供维持新陈代谢和调节生理功能的营养物质，必须富含营养，维生素和矿物质含量均衡，易于消化，有益航天员健康。

长期在微重力环境中生活会导致航天员发生骨质疏松、肌肉萎缩、贫血、免疫力下降，以及肠胃消化吸收功能减弱等症状。太空昼夜节律改变、噪声、振动等不利因素也会对航天员的心血管系统、神经系统、内分泌系统及消化系统产生消极影响。因此太空食品在满足航天员每天所需要的蛋白质、脂肪、糖等基本营养之外，还要针对航天员生理上的变化进行膳食营养素的调整。

例如，提供充足的优质蛋白质防止肌肉萎缩，提供充足的钙、适宜的钙磷比例和维生素 D 等对抗骨质流失，铁、锌、硒、碘等微量元素和各种维生素也必不可少。科研人员还针对特殊太空环境研发出很多保健食品，提高航天员的免疫力。

长期在狭小空间的微重力状态下生活，航天员食欲容易下降，味觉失灵，甚至口味改变。太空食品不仅要营养丰富均衡，而且要美味可口、花样繁多，才能刺激航天员的食欲，保证摄入足够的营养和能量。我国每一项太空食品研制出来都要通过航天员的考评，首先请航天员试吃，通过"感官评价表"对食品打分，60分以上的食品才能入选任务食谱。之后根据航天员的反馈进行改进，改进后再次由航天员进行几轮测评，如果口味不合就会被淘汰。

国际空间站也有类似的机制，为了确保太空食品的吸引力，每次开发出一种新食品，都会在实验室对食品进行多轮九分制的测试打分，如果平均分不超过六分，该食品就会重新进行研发配制或者淘汰。

在众多通过严格测评，营养丰富又美味可口的太空食品中，鱼香肉丝拔得头筹。2002年神舟四号发射时，国产太空专供版鱼香肉丝就已经问世。之后鱼香肉丝又随着我国"飞天第一人"杨利伟登上了神舟五号飞船，杨利伟在太空品尝了这款美食。此后从神舟六号飞船到神舟十四号飞船，鱼香肉丝成了航天员在太空享用的传统保留菜。

为什么鱼香肉丝会如此受青睐呢？首先，鱼香肉丝用料丰富，配料包括辣椒、肉丝、木耳、笋丝，荤素搭配营养均衡；其次，作为四川特色名菜，鱼香肉丝色泽红润，咸、香、酸、辣、甜各种滋味巧妙融合，葱姜蒜香浓郁，可谓色、香、味俱全，特别是辛辣的口感满足了航天员在天上"重口味"的需求；除了既营养又美味，鱼香肉丝全部可食用，没有残渣，连垃圾处理都省了！它能够很方便地以常温料理包的形式在常温下保存，风味基本不会发生变化。集这么多优点于一身，鱼香肉丝自然成为了太空美食"头牌"。

下次去吃川菜，记得点一个"航天员同款"吧！

何止"斤斤"计较，远超"寸土"必争

载人飞船和货运飞船的重量和体积有限，分配给太空食品的重量和体积也必须精打细算。首先，食品的重量何止要"斤斤计较"，而是以"克"计，必须"克克"计较。食品的体积也不能过大，"寸土必争"远远不能符合要求，体积需要以立方厘米计，要"厘土"必争。优化重量体积比，达到最佳匹配，是研制太空食品考虑的重要因素之一。在保证营养的前提下，太空食品应在轻便的同时尽可能紧凑、体积小。

天宫原来不吃蟠桃？这种水果频繁出镜！

在《西游记》中，蟠桃是生长在天庭蟠桃园里的奇珍异果。王母娘娘每365年在瑶池举行一次蟠桃会，吃了天庭的蟠桃能够成仙得道，长生不老。那么，在天宫空间站，有没有蟠桃吃呢？

受运输和储存条件的限制，通过天舟货运飞船或神舟载人飞船运送的新鲜水果无论在品种还是数量上都很少，是航天员食谱中很小的组成部分。航天员在天宫并没有吃过蟠桃，频繁出镜的水果是——苹果（图4-10）。

图4-10 航天员展示天宫空间站的苹果

众多品种水果里,苹果为何飞上天?首先,苹果的营养成分丰富,口感好,而且不需要削皮。更重要的是,与橙子等其他水果相比,苹果不会产生大量汁水,不会造成果汁四处飞溅的情况。其次,苹果更耐储存,能够存放的时间非常长。在地球上,室温下放置的苹果3～4个月不会腐败,在冷藏环境下,苹果可以储藏8～10个月的时间。

新鲜水果作为航天员食品的补充,数量较为稀少,属于"奢侈品"。神舟十二号飞船带了几十个新鲜苹果上天,受到了航天员的一致好评。在神舟十二号航天员强烈推荐下,神舟十三号、神舟十四号飞船都携带了数量更多的新鲜苹果。为了方便食用和存放,太空苹果的直径为70～75毫米。在运往天宫空间站的途中,采用了国际先进的气调保鲜技术(即人为改变环境气体成分来达到保鲜储藏目的)与冷链运输技术,使苹果处于"休眠"状态,确保航天员在太空吃到的苹果口感始终新鲜香脆。看神舟十三号航天员吃得多开心(图4-11),"排排坐,吃果果,你一个,我一个!"

图4-11 神舟十三号航天员正在吃苹果

燃烧我的卡路里，健身是否有神器？

健身器暗藏玄机，航天员如何驾驭？

受疫情影响，许多人体验了居家办公模式，也带火了居家健身。"腰间的肥肉咔咔掉，人鱼线马甲线我想要！"实际上，论居家健身，航天员才是引领潮流经验丰富的健身"大神"。他们每天都要在封闭的空间站里锻炼两个小时以上，早就借助空间站的健身神器把"花式健身"在天上玩得风生水起。

没想到吧，天宫竟然也有健身房！天和核心舱的健身房有两个锻炼区，一个在小柱段睡眠区与卫生区之间，另一个在大柱段，完全能保证三名航天员使用健身器材不撞车。即使六名航天员在天上交接班，问天实验舱里还有一个锻炼区，健身空间足够大。

天宫的健身神器包括"三大三小","三大"指跑步机、自行车和抗阻锻炼装置,"三小"指拉力带、握力器和呼吸肌锻炼器。这些健身器材看起来和地面健身房里的同类器械长得差不多,其实是根据空间站的特征和太空的特殊环境进行精心设计,为航天员特制的,产品要求大不相同。

例如,既要能够简单方便地让航天员在天上做运动,保证足够的运动强度,又要保证结构安全,使用中不能产生任何粉尘飘逸,不能有任何润滑物质泄漏;既要尽可能地紧凑、轻薄,以减少运载火箭发射成本,并适应空间站狭小的空间,又必须有足够的刚度等。在天上使用这些健身神器当然也不太一样,还得掌握一定的技巧才能驾驭。

跑步先得穿"马甲"

在天和核心舱的小柱段有一个专门的锻炼区,设有一台特殊的太空跑步机,也称太空跑台。太空跑步机外形与地面健身房里常见的跑步机类似(图 5-1),由扶手和跑步带组成。跑步带采用履带式结构,表面是厚厚的缓冲层,可以有效减轻跑步过程中对膝盖的冲击,使跑步更加舒适。与地面不同的是,太空跑步机被安装在一个独特的缓震系统中。跑步者向前冲时所产生的力量可能会造成振动,需要专门设计缓震系统以减少对舱体的冲击。

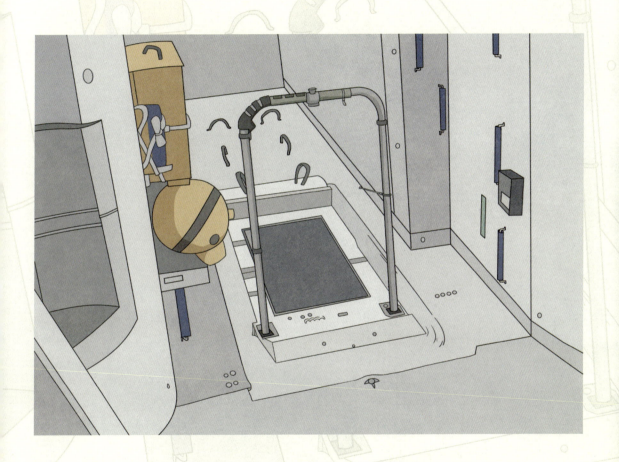

图 5-1 天和核心舱小柱段内的太空跑步机

在空间站里人人都身轻如燕，在跑步机上迈出第一步就会将自己弹离跑步机，飘到空中。为了解决这个问题，设计人员在跑步机两侧安装了弹性束缚带。航天员必须穿上一件特制的"马甲"——一套起束缚作用的特殊装置，与跑步机两侧的弹性束缚带连接在一起。

图5-2是航天员王亚平穿戴好"马甲"将自己"绑"在跑步机上，一边跑步一边追剧。"马甲"的束缚带具有很强的弹性，类似于蹦极的弹力绳，"马甲"与弹性束缚带配合，通过对肩部、背部垂直向下的拉力，把航天员"摁"在跑步机上，将力传递到航天员的脚部，确保跑步机跑带和航天员足底有足够的摩擦力。航天员通过克服这个拉力，达到类似于背着笨重的大背包跑步的锻炼效果。拉力是可以调节的，跑步时通常在初始阶段把拉力设置成航天员体重的60%，根据航天员身体接受程度逐步增加到85%甚至100%。这件"马甲"是使用跑步机的重要装备，在研发阶段做了近20套样品，以确保航天员穿着舒服。

在太空跑步姿势比地面难控制，想跑起来没有那么简单。2016年在天宫二号空间实验室，我国航天员第一次尝试太空跑步，试了三天才掌握要领，成功地跑起来。和普通跑步机一样，太空跑步机也可以调节步伐和频率。利用太空跑步机进行高强度耐力训练，有助于解决太空环境下航天员骨质流失、肌肉萎缩和心血管功能衰退等问题。

图5-2　航天员王亚平穿戴好"马甲"在跑步机上跑步

自行车竟能用手"骑"

在天和核心舱大柱段有一台太空自行车,它的外形与健身房常见的动感单车类似,被固定在舱壁的一侧。不过它可是没有座椅的!在太空中骑车不需要座椅,正好减轻了自行车的重量和体积。为防止飘走,航天员用束缚系统把自己固定在自行车上,踩着脚蹬克服阻力进行锻炼。自行车的速度可以调节,通过增加间歇性或冲刺的运动状态,来增加航天员心血管的调节能力。据航天员陈冬介绍,在天上蹬自行车的感觉和地面不一样,有点像是躺着蹬的感觉,不太容易使劲,还挺累的。

太空自行车神奇的地方在于它除了正常的用脚骑行,还能用手"骑",通过手摇的方式进行锻炼(图5-3)。太空自行车既可以锻炼下肢,也可以锻炼上肢,一举两得!

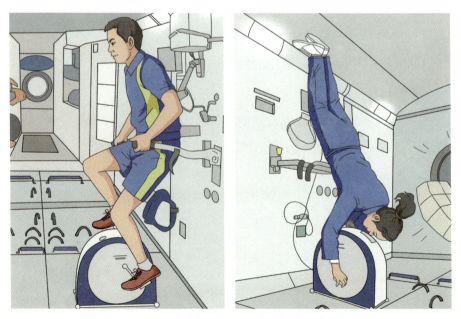

图 5-3 能用脚骑行还能用手"骑"的太空自行车

图 5-4　天宫一号空间实验室里的太空讲台由太空自行车改装而来

　　太空自行车拆装起来非常方便，问天实验舱上天后，航天员把核心舱大柱段的自行车搬到了问天实验舱的锻炼区，轻轻松松就安装好了。有意思的是，2013年航天员王亚平在天宫一号空间实验室讲授"太空第一课"时，太空自行车还曾变身为太空讲台（图5-4），助力太空授课，绝对是造型百变、一物多用的典范。

拉力带玩出新花样

天宫空间站为航天员们配置了用于身体锻炼的拉力带。拉力带能够增加动作的阻力,主要锻炼手、躯干和腹部的肌肉力量,维持相关肌肉群的强度,有效预防肌肉萎缩,也是太空健身的重要设备。

航天员聂海胜在天和核心舱向大家展现了拉力带的多种用法(图5-5),先横拉扩扩胸,吊在天花板上竖拉练练腿,再来个斜拉"搓澡"练后背,这场花样百出的拉力带秀让聂海胜赢得了太空"健身一哥"的称号,网友们纷纷表示,这波操作"666"!

了解了各式太空健身神器的使用诀窍,有没有发现原来航天员都是带着"绳索"健身的?他们在这种环境下都努力锻炼,你在地上还不赶快动起来?"来来,深呼吸,动感单车跑步机,不达目的不放弃,燃烧你的卡路里!"

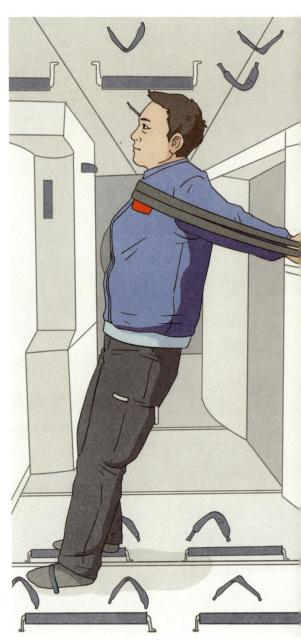

图5-5 航天员聂海胜展示拉力带的多种用法

不止外表抢镜，这个"厅"还是科技明星？

天和核心舱三居室"参观"完毕,我们再去问天实验舱这个"厅"看一看。问天实验舱是航天员进行科研实验的主要场所之一,由三个不同的部分组成,分别是工作舱、气闸舱与资源舱(图6-1)。

工作舱主要用于开展科学实验,配备的实验柜用于支持空间生命科学、变重力科学等实验。工作舱内还布置了航天员睡眠区和卫生区,为航天员提供居住和生活的场所。气闸舱供航天员进行出舱活动,资源舱主要是为问天实验舱提供能源、动力等。

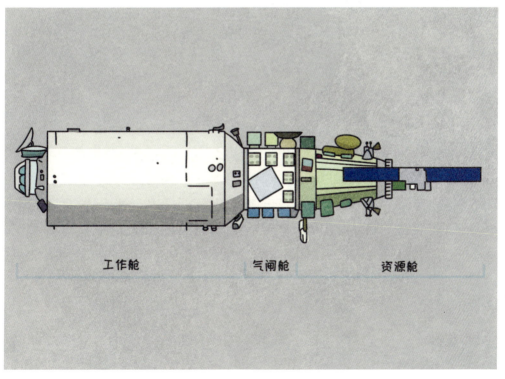

图6-1　问天实验舱构型

有点壮，有点方，还有双神奇的大翅膀？

身体最壮的"大个子"

从太空看，问天实验舱与天和核心舱相比，大小差不多，它也有一对巨大的翅膀，不过比天和核心舱翅膀要长一倍（图6-2）。问天实验室最粗的部分直径为4.2米，与天和核心舱一样，但它的轴向长度比天和核心舱还要长1.3米，全长达到了17.9米，在地面上竖起来相当于六层楼高。它发射重量达23吨，比天和核心舱略重一点。从块头和分量来看，问天实验舱与北京地铁13号线列车的一节车厢差不多，是我国目前所有载人航天器里身体最壮的"大个子"，也是当今世界轴向长度最长的单体载人航天器。

图6-2 天宫空间站问天实验舱示意图

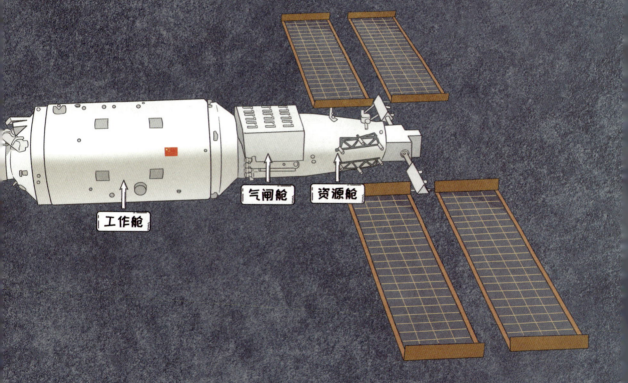

外形抢镜的"方舱"

作为天宫空间站唯一看上去方头方脑的舱体,气闸舱外形非常抢镜,它是一个"外方内圆"、功能多多的舱段(图6-3)。

气闸舱方形的外壳是舱外暴露实验平台,上面配置了22个标准载荷接口,可以由航天员出舱或者由机械臂将实验样品安装布置在太空环境中,开展舱外暴露实验,研究太空极端环境对各种材料、零件甚至生命体的影响。圆柱状的部分,是航天员开展出舱活动时的"更衣室"。气闸舱是航天员进行出舱活动的首选场所,代替天和核心舱的节点舱成为整个空间站的主要出舱通道。

图6-3 问天实验舱气闸舱结构

图 6-4　航天员从气闸舱出舱（左）与从节点舱出舱（右）对比

　　为什么让气闸舱挑大梁，而让核心舱的节点舱作为备份出舱通道"退居二线"呢？首先要归功于它的位置"偏"，气闸舱位于问天实验舱末端，开展出舱任务不会干扰其他舱段。其次，气闸舱的出口设置在朝向地球的一面，航天员出舱就看到地球，方位感非常明确，更重要的是能够尽可能避免太阳直射干扰。而节点舱在结构上是个"六岔路口"，在前向、径向，以及两个侧向都设有对接装置，出舱口只能选择在背对地球的方向，带来了出舱会遭遇太阳光直射的问题。航天员从气闸舱出舱与从节点舱出舱情景对比如图 6-4 所示。

核心舱的节点舱作为出舱通道是它在天宫空间站建设初期的"兼职",由于有"六岔路口"占用了空间,用于出舱的容积只有6立方米,出舱口舱门通道直径仅有0.85米。航天员穿上舱外航天服背上"大背包"后,需要不断调整姿势才能出舱或进舱。而气闸舱是"专职"出舱通道,出舱的容积约10立方米,体积增大了许多,舱门直径达1米,航天员穿上舱外航天服能轻松进出,还能携带大个头的设备出舱工作,大大提升了出舱活动能力。问天实验舱气闸舱内部如图6-5所示。

能量爆表的"大翅膀"

问天实验舱还配备了一对神奇的"大翅膀"——全部展开后超过55米长的太阳能帆板。为了保证对接的精度和稳定度,问天实验舱上天时翅膀是折叠着的,入轨后首次打开时只展开了6.5米,与天和核心舱前向对接后,超长翅膀像拉开手风琴一样被第二次完全展开。每个太阳能帆板展开面积约110平方米,接近一套三室一厅房子的面积,是天和核心舱太阳能帆板面积的两倍多。两个太阳能帆板是能量爆表的"太空发电站",每天平均发电量超过430度,为空间站运行提供充足的能源,这个电量足够地面上一个普通家庭使用一个半月。

图 6-5 问天实验舱气闸舱内部

围观科学实验柜，去太空种菜申请排个队！

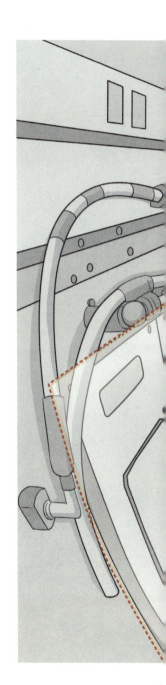

问天实验舱也被称为实验舱Ⅰ，是天宫空间站的首个科学实验舱。神舟十四号航天员对问天实验舱带上天的科学实验柜进行了设置、加电、安装等工作（图6-6）。

目前问天实验舱布置了多个神奇的科学实验柜，利用空间环境开展生命科学与生物技术、微重力流体和燃烧科学等实验，满满的全是黑科技，所以问天实验舱不仅外表抢镜，还是一位科技明星！

图6-6　神舟十四号航天员在问天实验舱设置科学实验柜

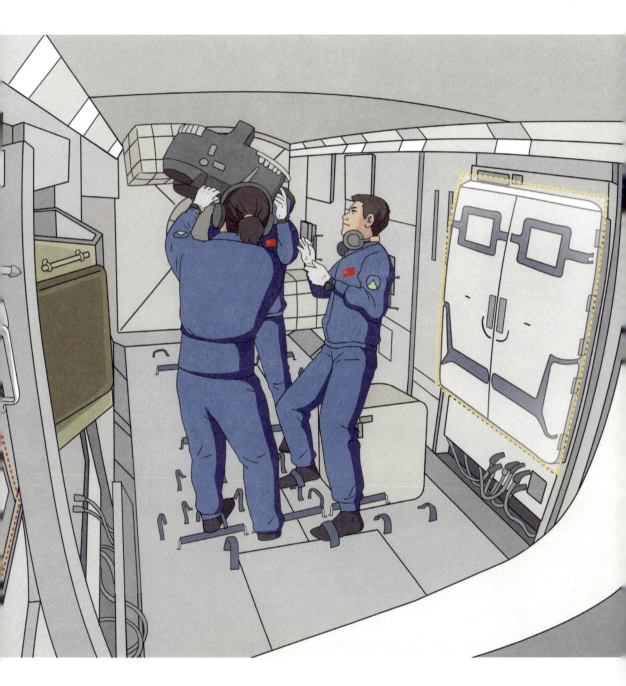

比如图6-6黄框里那个笑脸卡通形象的实验柜，学名叫做"变重力科学实验柜"。我们在地球上是 $1g$ 的重力环境，这个科学柜能够为科学实验提供 $0.01g \sim 2g$ 的模拟重力环境。如何创造不同重力大小的环境？变重力科学实验柜里面有2个直径为 900 毫米的离心机（图6-7），调整离心机的转速，就可以模拟出一系列的不同重力环境，比如月球、火星的重力环境，为月球探测、火星探测等太空探索计划提供试验条件。

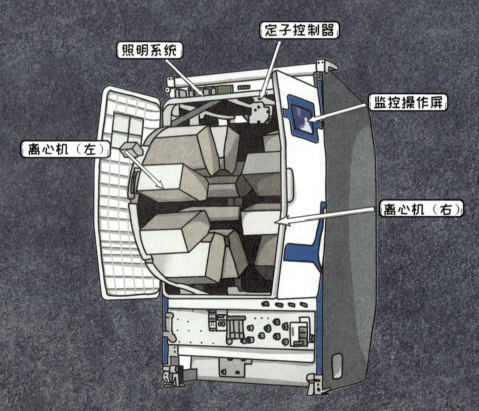

图6-7　变重力科学实验柜

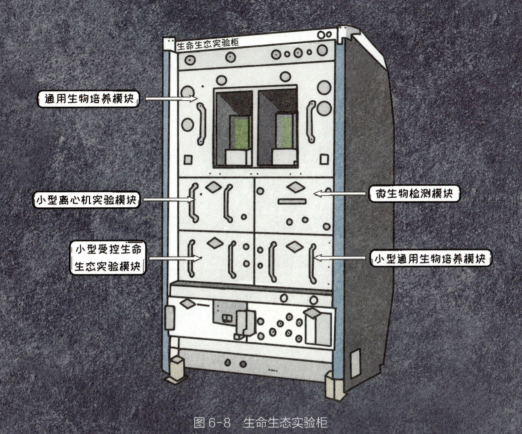

图 6-8 生命生态实验柜

是不是有点"不明觉厉"？那我们再来参观一个绝大多数人会感兴趣的实验柜。图 6-6 红框里的实验柜学名叫做"生命生态实验柜"（图 6-8），主要用于研究微重力对生物（包括植物、动物等）个体生长、发育与衰老的影响。根据官方发布的信息，"生命生态实验柜能以植物种子、幼苗、植株、小型动物等生物个体为实验样品，开展拟南芥、线虫、果蝇、斑马鱼等动植物的空间生长实验"，也就是说，用这个实验柜能在太空种菜、养鱼！

图 6-9　太空水稻

  2022 年 7 月底，航天员在生命生态实验柜的通用生物培养模块中安装了拟南芥（一种十字花科植物）种子和水稻种子的实验单元，是国际上首次空间微重力条件下水稻从"种子到种子"（指种子上天后，在太空经过生长、发育，又结出种子）的全生命周期培养研究（图 6-9）。

  开花是植物结出新一代种子的前提，这一实验主要研究微重力对植物开花的影响，探索如何利用微重力控制植物开花。经过几个月的培养，水稻和拟南芥完成了"从种子到种子"的发育全过程。未来会有更多的植物培养实验，期待科学家早日攻克太空生产粮食这一难题。

2022年8月下旬，中国载人航天办公室发布了一段神舟十四号航天员在问天实验舱工作的视频。视频中，航天员蔡旭哲在问天实验舱内照料生菜的镜头（图6-10）立刻引发了网友热议，问天实验舱实现了太空种菜！虽然对别的实验柜的黑科技只能"不明觉厉"，但种菜可是刻在中国人骨子里的基因！我们能不能申请排个队，也上天在生命生态柜里种点菜呢？

图 6-10　航天员蔡旭哲在问天实验舱内照料生菜

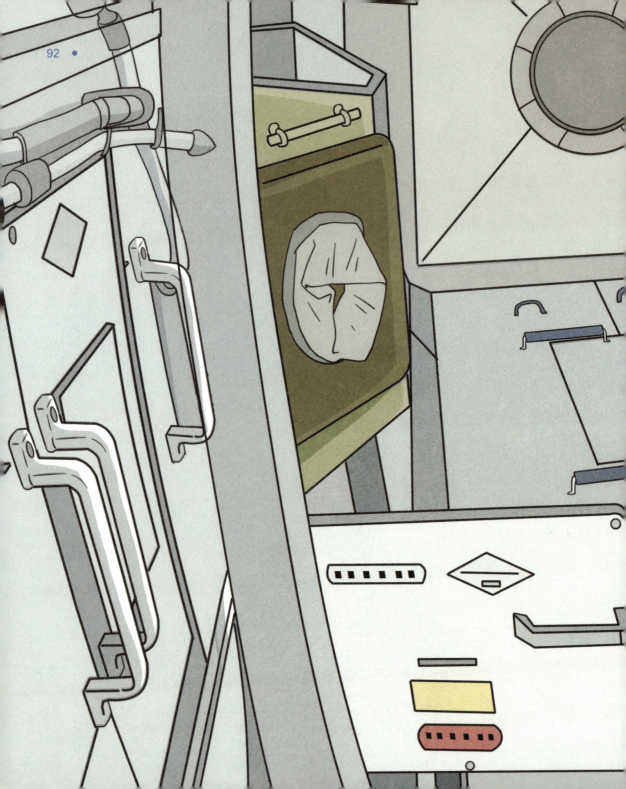

三台冰箱？
天宫真有那么多美食要冷藏？

在问天实验舱工作舱众多的科学实验柜里，有一个被称为"太空冰箱"的装置（图6-11红圈处）。在天和核心舱已经有两台太空冰箱了，问天实验舱为何又带了一台冰箱上天？难道天宫空间站真的有那么多美食需要冷藏？

其实，问天实验舱的这台冰箱学名为"低温存储柜"，与核心舱两台冰箱之一的"太空医学样本冷藏箱"一样，都属于科学实验装置。核心舱的另一台"食品冷藏箱"，就是我们在太空厨房见到的在饮水机下面的小电器（见图4-1），只有它与地球上的冰箱功能相同，用于冷藏食品。

图6-11 问天实验舱的"太空冰箱"

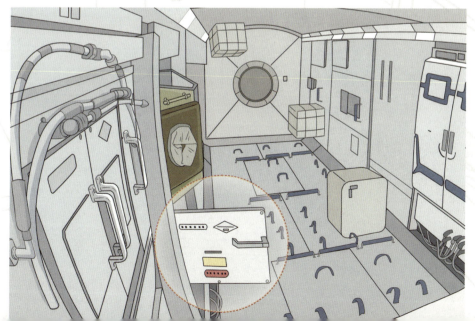

最"高冷"——低温存储柜

低温存储柜结构如图 6-12 所示，它位于科学手套箱的下部，与科学手套箱叠放在一起。低温存储柜是我国最"高冷"的冰箱：在 400 千米的高空，能够提供零下 80 摄氏度的深冷环境。

低温存储环境是开展空间生物科学实验的必要条件，低温存储柜在 0.055 立方米的空间内，高度集成了 3 个冷冻冷藏区，具备零下 80 摄氏度、零下 20 摄氏度、零上 4 摄氏度三种低温存储能力，为生物、试剂、材料等样品提供三种典型低温存储温区，容积分别为 25 升、15 升和 15 升。三个不同温度的独立存储区具备断电保温功能，以及航天员参与实验管理、样品更换和回收功能。这是我国首台同时提供三个温度制冷、首台最低温度达零下 80 摄氏度的太空冰箱。

扫码观看

图 6-12　低温存储柜（位于科学手套箱下部）

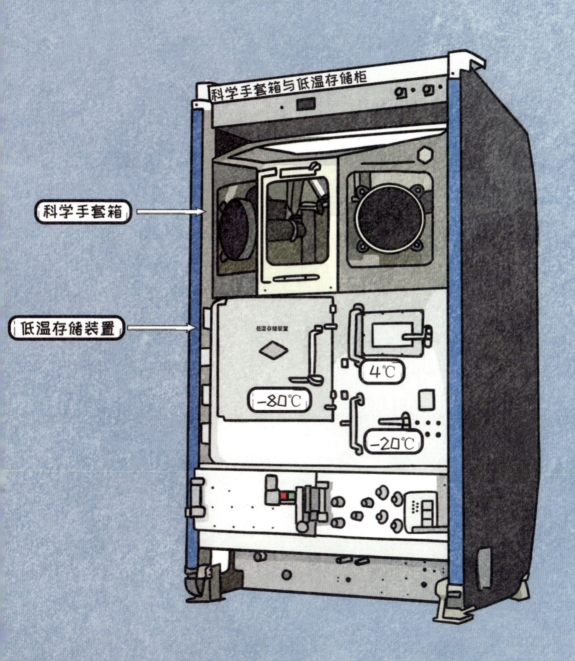

最恒温——太空医学样本冷藏箱

太空医学样本冷藏箱不在问天实验舱,而是位于天和核心舱大柱段(图6-13)。

太空医学样本冷藏箱用于低温冷藏空间医学、生物试验样本,以开展在轨医学和生物方面的科研。它为样本提供4摄氏度低温冷藏功能,存储容积为40升。它可以带着样本乘坐飞船前往空间站,在空间站运行工作,也可以跟随飞船返回地面。通过应用高效恒温蓄冷技术,太空医学样本冷藏箱能够在无能源供应的条件下恒温存储20小时,实现样本在飞船上升阶段及返回阶段恒温存储,可谓最恒温的冰箱,保证了样本的安全存储。

图6-13 航天员在天和核心舱安装太空医学样本冷藏箱(红圈处)

图 6-14 天和核心舱的食品冷藏箱和里面的苹果

最好闻——食品冷藏箱

食品冷藏箱也位于天和核心舱,放在太空厨房里。绝大多数太空食品能在常温下保存一年半以上,只有少数食品需要放冰箱冷藏。食品冷藏箱大小为 10 升,箱内温度保持在 2～8 摄氏度,为航天员提供食品、调味品等食材储存保鲜功能。为了防止一打开冰箱食物到处飘的情况,食品冷藏箱设计了一种防护网,能固定食品,又能方便取放(图 6-14)。

在所有冷藏的食品里,最受欢迎的就是天上的奢侈食品——苹果。航天员刘伯明说,冰箱里的苹果不舍得吃,因为苹果的香味可以充满整个空间站。这也让食品冷藏箱成为了最好闻的太空冰箱。

食品冷藏箱应用了物联网技术,连接到内部局域网上,航天员通过一个类似 PAD 的手持终端就能完成开关机、温度设定等。食品冷藏箱还能与地面联网,航天员不用操心冰箱里的食品会不会变质,地面工作人员可以实现全程遥测、遥控及状态分析。

家园如何守护？
互为备份，分身有术

在电影《地心引力》中，两名航天员在出舱执行维修任务时，遭遇像蝗虫一样遮天蔽日地飞来的空间碎片的袭击，空间站被击毁，航天员不得不在太空千方百计求生存。女主角最后登上了中国的天宫空间站，靠神舟飞船死里逃生，返回地球。当然，这是科幻电影的想象。那么，在空间站真的发生灾难怎么办？往哪儿躲呢？

问天实验舱从设计之初就与天和核心舱十分相似，是天和的"亲弟弟"（图6-15）。兄弟俩不仅体现在外形上，还体现在功能上。问天实验舱几乎完整备份了天和核心舱的能源管理系统、信息管理系统、控制系统和载人环境系统等所有关键平台的功能，配置了一套完整的再生式生命保障系统和应急物资。空间站组合体控制与管理需要用到的功能在问天实验舱应有尽有，具备对组合体进行统一管理与控制的能力。也就是说，在平台功能方面，问天实验舱与天和核心舱互为备份，平台的关键功能一致，可以完全覆盖空间站组合体工作要求，在一定程度上实现了分身有术。

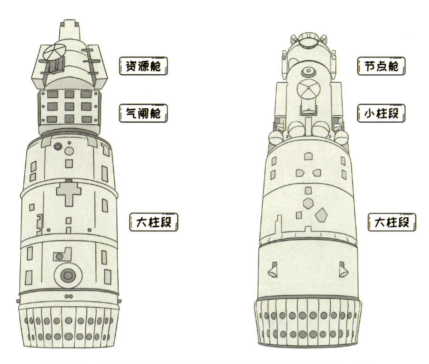

图 6-15 在地面的问天实验舱(左)与天和核心舱(右)对比

一旦天和核心舱出现问题,比如舱体失火、失压、遭遇空间碎片撞击,以及发生其他危及运行安全的事件时,航天员可以立即将天和核心舱的控制管理功能转移至问天实验舱,全体人员前往问天实验舱应急避难,等待地面进行故障处置和救援,确保单舱段故障情况下能够守护整个空间站,保持安全可靠。

问天实验舱连生活设施都与天和核心舱做到了一对一备份。问天实验舱也配置有 3 个睡眠区与 1 个卫生间,这些生活设施可以用于航天员的在轨轮换,也可以在安全避难期间发挥作用,保障航天员可以在轨长时间等待救援。问天实验舱内的航天员睡眠区比核心舱的更为宽敞,舷窗也进行了改进设计,宜居性进一步提高。

上天，究竟是种什么样的神仙体验？

07

头晕呕吐，感觉自己像蝙蝠？
想当神仙还得先受点苦？

飞上天进入空间站，是不是欢呼雀跃，终于可以体验当神仙的感觉了！不过，大约有 40%～50% 的人可能会发生"太空晕车"，学名叫做"晕动症"。在完全适应微重力环境之前，体内的液体涌到头上的感觉很奇怪，会让你觉得浑身不舒服，像刚学走路的婴儿一样，做任何简单的动作都需要帮助。你可能感到恶心、头晕、头疼，甚至还会呕吐，也有可能昏昏沉沉睡个没完。曾有航天员表示，最初在空间站上的生活很像从 10 米高的跳水板上跳下来，也有航天员说感觉自己像蝙蝠一样悬挂在天花板上。

在地球上的房间里，我们的眼睛看到天花板和地板之后，之所以能够分辨出哪是上，哪是下，是由于耳朵里的前庭系统（内耳的器官之一，主管平衡）感受到重力，向大脑发送信息，控制人的重力感和平衡感。在空间站里，我们的眼睛虽然可以看到舱内的天花板和地板，但没有重力让前庭系统感受"上"和"下"，影响了我们的空间方向感，大脑无法感知到这一点，会引起恶心、头晕和呕吐等多种反应。幸运的是，"太空晕车"的症状过些时间就会消退，研究表明，少则两天，多则数周。看来，"神仙"也是磨练出来的。

靠手行如风？何必坐如钟？

太空中没有上下之分，但由于习惯了地球上的生活，如果不区分天和地，人就会很不适应。所以空间站舱内的天花板、地板和舱壁都做得一目了然，让人很容易根据标志来确定方向。

在微重力状态下，无论是移动还是定位的感觉都与在地球大不相同。人飘浮在空中，无法用脚在地板上行走。天花板、地板和舱壁上都安装了扶手（图7-1），帮助航天员穿过舱段或待在原地，而不是飘来飘去。手比脚更能控制力量的大小，移动时需要用手紧抓着扶手移动。想离开一个地方时，就用手轻轻地推一下，利用反作用力前进。刚进入太空时不容易掌握力度，很可能出现"行如风"的情况，因为移动速度过快而撞到脑袋，或者一不小心飘到另一个舱段。据报道，一些进入国际空间站的新航天员刚开始学习在太空中移动时，往往"如同一头牛冲进了陶瓷商店"，看他们"行如风"刹不住车一度是老航天员的"娱乐项目"。

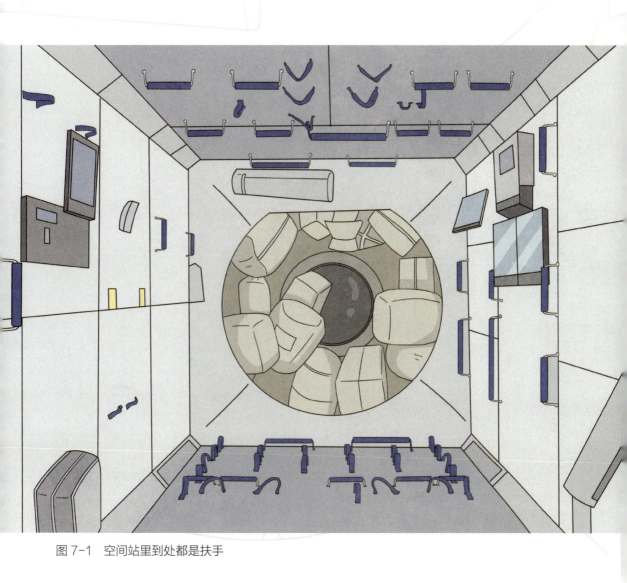

图 7-1　空间站里到处都是扶手

图 7-2　在空间站里可以任意曲度扎马步

空间站里最不需要的家具是什么？椅子！航天员工作不需要椅子，只要把脚插进地板上的扶手（限位器）里固定住，就可以任意曲度地扎马步（图 7-2），把腿当成工作台，完全没必要坐如钟！

此景只应天上有,能否一次拍个够?

2022年6月4日,中国载人航天办公室重磅发布了由神舟十三号航天员翟志刚、王亚平、叶光富拍摄的中国空间站8K超高清短片《窗外是蓝星》。"当透过舷窗领略宇宙馈赠的绝美风景,你会依旧热爱地球这颗蓝星。山河烂漫,每一帧都是人间仙境。"

图 7-3 航天员在空间站纷纷化身摄影大师

　　航天员景海鹏回忆他在太空的感受时说:"我慢慢移动到窗边看地球。陆地的棕黄、高山的奇峻、缎带似的江河,要多美有多美。那个时候不由思考宇宙的无际、个人的渺小和国家的伟大,作为一个中国人太自豪了……这次上天,我们要把祖国的河山多拍一些。"在空间站看到的风景美不胜收,航天员们都化身摄影大师,拍下了无数精彩绝伦的照片(图 7-3)。

　　太空那么美,有无数题材可以拍摄,地球、星星、极光,是不是只要举起相

机一口气拍个够就行?其实不然,从太空拍摄一张完美的照片,不仅需要大量练习掌握摄影技巧,更需要精心策划。空间站以每小时28000千米的速度高速运动,精彩画面往往一闪而过,几乎没有时间来识别和拍摄设定的目标,因此必须提前进行仔细的规划,包括了解空间站何时会到达目标上方,采用什么样的拍摄角度、在什么样的光照条件下拍摄目标效果更好等。即便将各种因素考虑周全,想拍出满意的照片,可能还要尝试很多次才能如愿以偿。

天上发个朋友圈？
定位显示会不会让朋友秒赞？

"有 Wi-Fi 吗？""密码多少？"

当我们到了一个新的地方稍做停留时，往往会问出这两个问题。那么在天宫空间站，有没有 Wi-Fi，能不能上网？如果在天宫发个朋友圈，定位显示是哪里？会不会让朋友羡慕地秒赞？

天涯真能若比邻

2021 年 6 月 17 日，神舟十二号航天员作为第一批访客，进入了新家天宫空间站。第二天一大早，三名航天员就组装了 Wi-Fi 设备。不管在地面还是在天上，搬新家的第一件事果然都是装 Wi-Fi！

天宫空间站舱内舱外都设置了 2.4G 与 5G 的 Wi-Fi 通信网络，航天员不管是在舱内工作生活，还是出舱活动，都可以便捷地享受高速网络服务。航天员不仅可以与地面进行语音视频通信、收发电子邮件，还可以收看电视节目，并与家人进行双向私密视频通话。在天宫空间站进行的"天地对话"、"天宫课堂"等活

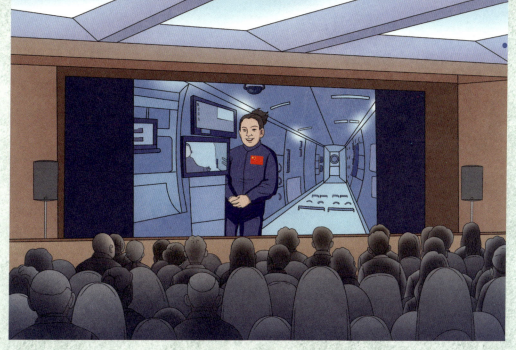

图 7-4　神舟十三号航天员与美国青少年进行"天地对话"

动都是实时视频连线，地面观众的画面会同步实时出现在空间站核心舱内，航天员通过一个大大的液晶屏幕能够清楚地看到地面的一举一动，充分展现了天宫的网速。2022 年 4 月 9 日，中国驻美使馆举办了"天宫问答——神舟十三号航天员乘组与美国青少年问答"专场活动（图 7-4）。翟志刚、王亚平、叶光富三位航天员在太空中给美国青年学生答疑解惑并现场展示，引得在场的学生们惊叹连连。天宫，真正实现了"天涯若比邻"！

　　天宫空间站配备了 10 余台有线和无线网络摄像机、有线和蓝牙耳机、手机、平板电脑、笔记本电脑等，这些设备都可作为终端接入网络。空间站引入了地面智能家居、物联网技术，航天员可以通过手机、平板电脑、笔记本电脑等设备中安装的 APP，实现智能家居管理、情景照明管理、智能视频监控、智能遥测报警管理、智能医学监测以及智能物资管理等。

天链组网架天路

空间站安装了 Wi-Fi 就能和地面通信吗？空间站距离地球表面约 400 千米，以每小时约 28000 千米的速度飞行，它环绕地球飞行时，会飞到地面站的视野之外，以至负责对天宫空间站进行测控和通信的地面站，在大部分时间会与天宫失去直接联系，而传统的基站、网线、光纤方式，甚至低轨卫星通信网络都无法提供有效服务。天上与地面的网络要连成一体，要靠一个个天上的"烽火台"，在空间站与地面之间架起一条信息"天路"。

这个"烽火台"就是天链卫星。天链卫星是一种中继卫星，相当于一个天上的数据"中转站"，为卫星、飞船等航天器提供数据中继和测控服务，被称为"卫星的卫星"。天链卫星运行在位于地球赤道上空 36000 千米左右的轨道上，绕地球运行一周的时间与地球自转一圈时间完全相同，人们在地球上看这颗卫星，始终是静止不动的，所以这颗卫星所在的轨道被称为地球静止轨道。由于天链卫星运行的轨道非常高，既可以"居高临下"，让运行在中低轨道上的航天器，包括在 400 千米轨道运行的空间站，始终在自己的视野中，又可以时时刻刻与地面站保持着联系，使它们能够把接收到的地面发送来的信息和数据转发给天宫，以及把天宫的信息和数据转发给地面，从而使天宫空间站通过天链卫星与地面始终保持联系，建立起几乎不间断的高速通信网络。

2022年7月13日,天链二号03星成功发射,与之前发射的天链二号01星、02星三星组网,与天链一号并网运行,形成了对运行在低地球轨道上的航天器(包括天宫空间站)近100%覆盖的中继通信能力,为天宫空间站与地球之间的不间断高速通信建立了完美的通信"天路"。2021年12月9日,"天宫课堂"第一课顺利完成天地通信,就是由天链一号03星、04星,天链二号01星组成的天基测控网(图7-5),将核心舱和地面站连接起来,建立起天地"高速公路"。"那是一条神奇的天路,带我们走进人间天堂。"天链卫星就是那畅通空间站与地面站联系的神奇"天路"。

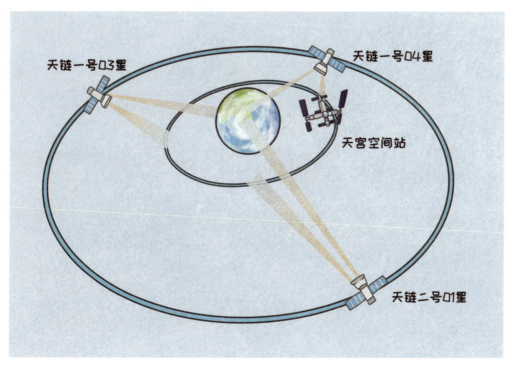

图 7-5　天链卫星组成天基测控网示意

天上暂停朋友圈

尽管空间站内有高速通信网络,但它是一个专用任务的工作局域网,主要支持内部通信,跟地面公共网络暂时不相连。目前,可以利用地面站,通过信息转发的方式,把互联网上的信息转到天宫,地面网友们的"留言"航天员是可以看到的,航天员也可以把天宫的信息转到互联网上。这意味着在天宫空间站暂时无法连接互联网,无法实时更新朋友圈,想"低调"地发个定位看来是不可能啦。

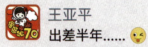

2021年10月15日,航天员王亚平在出发执行神舟十三号任务前发了一条朋友圈:"出差半年……"

图7-6 航天员王亚平执行神舟十三号任务前发的朋友圈

王亚平
出差回家,半年不易!
感谢大家的关注支持,感谢你们的日夜陪伴,回到地球回到家的感觉真好!😜
(为了保护眼睛,微信就不一一给大家回复了,这里一并给大家感谢了😜)

图 7-7 航天员王亚平执行神舟十三号任务后发的朋友圈

2021年10月16日神舟十三号飞船成功发射。半年后,神舟十三号航天员返回地球,2022年4月16日平安抵达北京。4月17日晚,王亚平发了凯旋后的第一条朋友圈:"出差回家,半年不易!感谢大家的关注支持,感谢你们的日夜陪伴,回到地球回到家的感觉真好!(为了保护眼睛,微信就不一一给大家回复了,这里一并给大家感谢了)"。

这是王亚平时隔半年,再次更新朋友圈。让我们一起为她,为航天员们点赞!

太空"拉皮"皮肤好？好像高兴得有点早

在地球上,人的皮肤会受到向下的重力牵引,当年龄大了以后,随着胶原蛋白的大量流失,皮肤就出现下垂、松弛等各种衰老迹象。一些爱美人士会去做一个"拉皮"手术,通过收紧脸部皮肤,恢复青春面容。而在太空环境下,不会出现皮肤被重力拉扯向下耷拉的现象。同时,在空间站舱内工作生活没有太阳光照射,温度和湿度也控制在适宜的范围内,皮肤会像做了"拉皮"一样紧致,自带美颜效果。

太空自带"拉皮"皮肤好？参观天宫,还能免费美容？这也太令人兴奋了！且慢,你好像高兴得有点早……

事实上,航天员经常报告说,在太空长期停留后他们的皮肤会变差,出现皮肤干燥龟裂、皮疹或瘙痒等症状,皮肤更容易出现瘀伤和割伤。科学家研究发现,在太空环境下航天员的皮肤主要会发生两种变化:一是皮肤变薄(在地球上,一般来说我们的皮肤厚度保持相对恒定),二是皮肤萎缩,看起来更显老。

让我们看看科学家是怎么研究的吧。科学家将 3 只在国际空间站生活了 3 个月（相当于人类生命中的几年）的小鼠带回到地面后，分析了小鼠的皮肤，并与地面对照组的小鼠进行了比较。研究发现，这些"太空小鼠"表皮（最外层皮肤）厚度明显减少，比地面小鼠的表皮皮肤薄 15%。"太空小鼠"的毛囊也发生了变化，类似于在地球上老化时观察到的皮肤萎缩。

科学家们在国际空间站还开展了一项名为"皮肤-B"的实验，科学家使用高分辨率皮肤成像断层扫描技术，对多名航天员飞行前、飞行中和飞行后的皮肤细胞进行观察（图 7-8）。研究使用了飞秒激光脉冲（1 飞秒为 1 秒的一千万亿分之一）扫描皮肤并获得来自皮肤的信号，可以得到分辨率比超声波设备高一千倍的图像，从而精确查看皮肤的状态。研究发现，在太空中生活了六个月后，航天员真皮（皮肤内层）胶原蛋白的数量突然增加，这意味着某种抗衰老作用正在发挥作用；与此同时，航天员的表皮厚度却比以前薄了 20%。

上面两种情况叠加后，科学家发现，皮肤变薄是导致皮肤失去弹性和光泽，看起来更显老的主要因素，皮肤变薄通常是由皮肤表皮和真皮之间的水分流失引起的，或者是由于脂肪细胞的萎缩引起的。航天员皮肤的超声波照片也证实了上述情况。看来，航天员在太空飞行过程中会失去更多的皮肤细胞，皮肤老化得更快。

尽管上太空并不能真的"拉皮"美颜，但是科学家表示，研究太空环境下皮肤变薄和加速老化的原因，开发出皮肤老化的计算机模型，将有助于了解在地球上人类缓慢的皮肤老化机制。地球上爱美的人们，期待科学家尽快破解鹤发童颜的秘诀吧。

图 7-8　意大利航天员卢卡·帕尔米塔诺在国际空间站进行"皮肤-B"实验

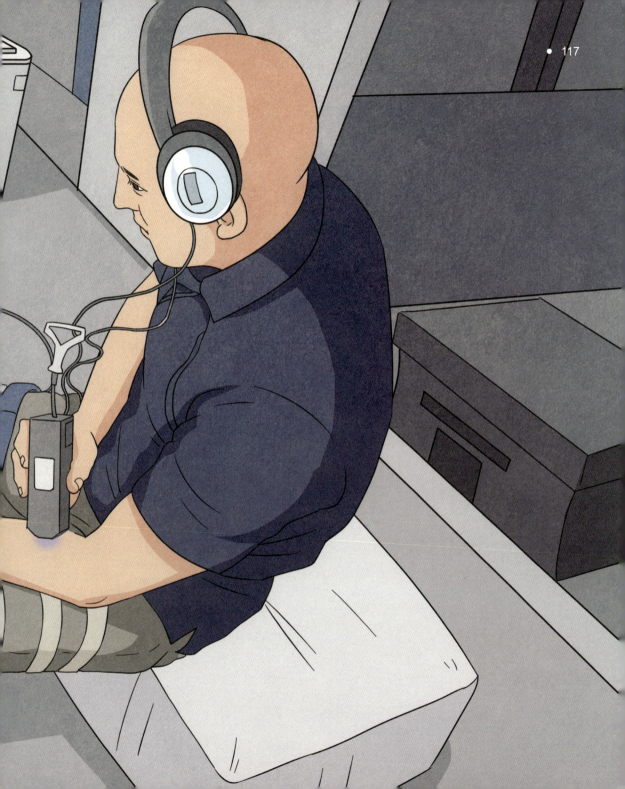

其实不想走，其实我想留

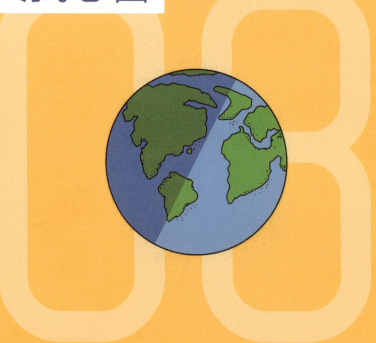

03

回程不用迈开腿，但是必须管住嘴？

打卡了太空家园，体验了神仙生活，我们的旅行即将结束，美好的时光总是如此短暂！与"晴空一鹤排云上"的来程不同，回程我们要体验一场"万里打中10环"的旅途，仍然搭乘来时坐过的神舟载人飞船，从天而降，精确、安全地着陆在指定区域。

首先要离"站"上"船"，从空间站进入神舟飞船的返回舱，并依次关闭所有舱门。乘客换上舱内航天服，半躺在座椅上并用束缚带固定。一切准备停当后，飞船与空间站组合体分离，开始返乡旅程。在返回过程中，飞船通过调整姿态、制动和减速进入返回轨道，进入大气层前，返回舱与轨道舱、推进舱依次分离说再见，最终只有返回舱带着乘客回到地球。

返回舱下降到距地面 100 千米左右进入大气层后,将逐步减速。这是本次旅途最紧张刺激的阶段,乘客们在坠落过程中承受着三到五倍于地球正常重力的压力,相当于胸口上压了三到五个自己,被紧紧地压在座椅上。由于返回舱与空气剧烈摩擦,底部温度最高可达 2000 摄氏度,尽管舱内温度依然舒适,但透过舷窗可以看到舱外燃烧的熊熊烈火,像一场壮观的烟火表演。在距地面 10 千米左右的高度,返回舱将打开降落伞,将返回舱从大约每秒 200 米的速度降到普通人百米冲刺的速度。这个过程会有猛烈的晃动,美国航天员道格·惠洛克描述说,这种体验"如同坐在圆桶中从尼亚加拉大瀑布坠落"。尼亚加拉大瀑布是著名的世界三大跨国瀑布之一,以垂直落差超过 50 米、流速快而著称。为了防止剧烈晃动造成伤害,在返回地球时,航天员必须管住自己的嘴巴,一定要把舌头从牙齿上移开,否则可能会因为剧烈晃动而不小心被牙齿咬到,甚至咬掉。

返回舱降至距离地面 1 米高度时,4 台反推发动机点火,给返回舱一个向上抬的力,使返回舱的落地速度进一步减小到每秒 2 米左右,这时返回舱就可以安全地着陆了。

以往神舟飞船返回时需要绕飞地球 18 圈,历时一天多。目前采用的是"快速返回方案",从空间站分离到最后降落地面,只需要不到 10 小时。

飞船还是没坐够!只能期待下一次太空家园之旅了!

筑梦踏上征途，天宫永不止步

天宫空间站的第二个"厅"，梦天实验舱于2022年10月底发射，标志着天宫空间站完成基本构型建造。

梦天实验舱构型如图8-1所示，分为工作舱、货物气闸舱、载荷舱、资源舱四部分。工作舱是进行舱内科研实验的主场地，配置有大量的科学实验柜。货物气闸舱（图中橙色部分）实现载荷与设备自动进出舱，其内舱门采用大开口方形设计，方便大尺寸货物运送。环绕货物气闸舱的是载荷舱（图中绿色部分），外设展开式载荷实验平台，发射后在轨展开。也就是说，载荷舱与货物气闸舱是"舱中舱"的结构，货物气闸舱嵌套在载荷舱内。资源舱用于提供能源、动力等。

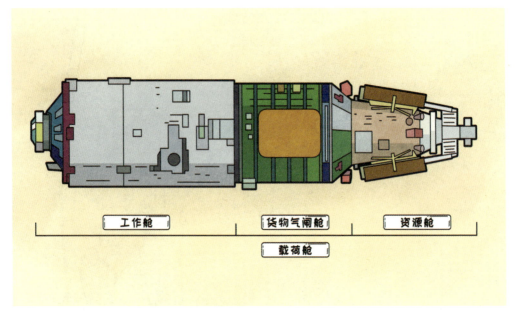

图 8-1 梦天实验舱构型

梦天实验舱与问天实验舱的个头、胖瘦几乎一样，不同之处在于配备了一个货物专用气闸舱，可实现载荷与设备自动进出舱（图 8-2）。另外，梦天实验舱主要用于开展舱内及舱外空间实验，没有设置睡眠区，航天员无法居住。同时，梦天实验舱进一步提供了重要功能的备份，以确保天宫空间站的安全。

天和核心舱、问天实验舱和梦天实验舱形成组合体，三舱统一设计，各系统均能互联互通，形成一个有机的整体（图 8-3）。

图 8-2 天宫空间站梦天实验舱示意图

资源舱

货物气闸舱

载荷舱

工作舱

"造船为建站,建站为应用",天宫空间站建造完成后的工作重点是科学探索、科学实验与应用。拥有我们自己的太空家园不是目的,而是要利用这个家园长期开展科学实验,综合开发利用太空资源。天宫空间站为我们提供了国家级太空实验室和国际科技合作交流平台,航天员和科学家经常往来于天地之间开展科学实验,天宫探索永不止步。

据科学家透露,神舟飞船未来可用于太空旅行,其可靠性和安全性已得到了充分考验。我们普通人进入太空的脚步将走得更快、更远。有一天,我们不用再云游空间站,而是能够真正迈进我们的太空家园,切身感受上天是一种什么样的神仙体验!

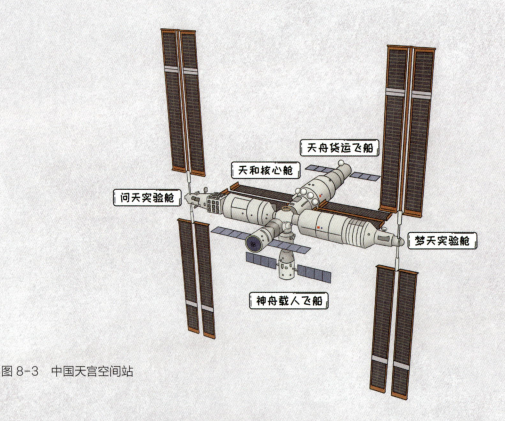

图 8-3 中国天宫空间站

图书在版编目（CIP）数据

天宫空间站：奇趣体验篇 / 朱林崎著 . -- 北京：国防工业出版社，2024.1 重印
（"走进天宫"科普丛书）
ISBN 978-7-118-12720-1

Ⅰ . ①天… Ⅱ . ①朱… Ⅲ . ①航天站—中国—普及读物 Ⅳ . ① V476.1-49

中国版本图书馆 CIP 数据核字（2022）第 241103 号

天宫空间站：奇趣体验篇
朱林崎　著

出版发行　国防工业出版社
社　　址　北京市海淀区紫竹院南路 23 号
电　　话　010-88540777
网　　址　www.ndip.cn
印　　刷　雅迪云印（天津）科技有限公司
开　　本　889mm × 1194mm　1/24
印　　张　$5\frac{1}{2}$
字　　数　98 千字
版　　次　2023 年 1 月第 1 版
印　　次　2024 年 1 月第 3 次印刷
印　　数　20001—30000 册
定　　价　55.00 元